配网同源维护套件实践与技术应用

本书编委会　编

中国水利水电出版社
www.waterpub.com.cn
·北京·

内 容 提 要

本书共分为9章，系统地介绍了同源维护套件配网模块的相关内容，主要包括同源客户端、网页端维护套件、线路设备、柱上设备、站房设备、数据校验工具、其他功能以及常见问题及解决方法。

本书既可作为初学者接触该系统的入门教材，也可为从事生产管理的技术与管理人员提供参考。

图书在版编目（CIP）数据

配网同源维护套件实践与技术应用 / 《配网同源维护套件实践与技术应用》编委会编. -- 北京 : 中国水利水电出版社, 2024. 9（2025.1重印）. -- ISBN 978-7-5226-2725-0

Ⅰ. TM727

中国国家版本馆CIP数据核字第20242GJ130号

书　　名	**配网同源维护套件实践与技术应用** PEIWANG TONGYUAN WEIHU TAOJIAN SHIJIAN YU JISHU YINGYONG
作　　者	本书编委会　编
出版发行	中国水利水电出版社 （北京市海淀区玉渊潭南路1号D座　100038） 网址：www.waterpub.com.cn E-mail：sales@mwr.gov.cn 电话：（010）68545888（营销中心）
经　　售	北京科水图书销售有限公司 电话：（010）68545874、63202643 全国各地新华书店和相关出版物销售网点
排　　版	中国水利水电出版社微机排版中心
印　　刷	天津嘉恒印务有限公司
规　　格	184mm×260mm　16开本　10印张　219千字
版　　次	2024年9月第1版　2025年1月第2次印刷
定　　价	**58.00**元

本书编委会

主　编　曹　鼎

参　编　（排名不分先后）

李松寒　李　鳗　李　懋　赵旭绽

陈　玮　王成霞　田　升　卢庆琛

郭　海　雷通广　温慧忠

前言

2019年是电网资源业务中台的设计元年，由国家电网公司设备部和互联网部牵头，组织浙江公司、江苏公司、中国电科院、华云科技和南瑞信通等单位的业务专家及技术骨干进行顶层设计，明确功能定位、总体架构、建设内容、演进路线和部署模式。华云科技依据国网公司统一的设计要求和标准，在浙江、江苏等9家网省公司开展同源维护套件配网侧功能建设试点实践。2020年是建设实施年，各网省公司在2019年试点成果的基础上，完善配网侧功能、开发主网侧功能，形成统一推广版本，并在山西、河北、湖南等十余家网省公司部署并试用。

电源资源业务中台通过融合各专业业务数据打造电网资源“数据一个源”，构建基于电网统一数据模型的“电网一张图”，沉淀形成电网侧基础、共性、稳定的共享服务，支撑各专业、各部门“业务一条线”，全面优化信息架构模式、复用系统建设资源、深化数据共享机制和敏捷迭代前端业务，实现模型统一、资源汇聚、同源维护和共建共享。

同源维护套件作为图模数据维护的唯一入口，遵循好用、易用、智能、高效的原则，统一数据维护入口，简化操作，规范流程，通过对电网拓扑、地理图形沿布、设备资产台账数据的统一管理及维护，整合分散在各专业的电网资源设备资产等数据，解决了基础数据多入口维护的应用问题，实现了图数模一体化维护，设备树与图形分层分级展示，专题图模块更是具备自动调图、智能成图及智能联动分析的功能，为“实现数据一个源，电网一张图，业务一条线”迈出跨越性一步，切实为基层班组人员增效减负。

在日常运行中，电网设备的新增、退役、改切等情况十分频繁，设备的变动导致了系统与现场数据的差异，数据质量问题也随之增多。此外，同源维护套件功能繁多，上手有一定的门槛，使得新员工只能通过“老带新”的传统模式学习同源维护套件，由有经验的老员工教授，学习效果不明显，且操作不当容易产生垃圾数据。现各市县公司及供电所的专工，亟需一本系统化、体系化的技术指导书。

本书为同源维护套件系统性的应用实践与经验总结，以“解决实际工作中的问题”为导向，循序渐进、深入浅出地介绍了同源维护套件的配网板块，既可作为初学者接触该系统的入门教材，也可为从事电力行业数据管理人员以及大数据应用研究人员提供参考。

本书分为9章：第1章为概述，由曹鼎编写；第2章简要介绍了同源客户端的操作界面和浏览模式下的一些基础功能，由曹鼎和李鳗编写；第3章介绍了网页端维护套件的三大功能，由李懋编写；第4章讲解了如何新建异动流程、如何新增和维护线路设备，由李松寒、王成霞和雷通广编写；第5章讲解了如何新增和维护柱上设备，由赵旭绽编写；第6章讲解了如何新增和维护站房设备，由田升和郭海编写；第7章重点介绍了“数据校验工具”，提供了常见图模问题的解决方案，由陈玮编写；第8章介绍了其他功能，由温慧忠编写；第9章罗列了同源使用过程中的常见问题并做出解答，由卢庆琛编写。另外，本书前期的统筹规划、中期的增删修改和后期的出版发行工作均由曹鼎负责。

本书编写所使用的同源版本为客户端V2.24与网页端V1.4.0，各网省公司可能有所差异。若实际操作与本书内容有冲突，请以各网省的实际情况为主，并向后台人员寻求技术支持。

由于编者水平和时间有限，书中难免有错误和不妥之处，恳切希望各位专家读者批评指正。

作者

2024年5月

目录

第1章　概　述

1.1　电网资源业务中台

电网资源业务中台是公司“企业级”业务中台的重要组成部分，是公司数字新基建的核心“要素”，也是公司新型电力系统“源、网、荷、储”协同应用数字化基础的支撑之一，对推动各专业数字化转型，支撑公司能源互联网建设具有重要意义。电网资源业务中台的构架如图1-1所示。

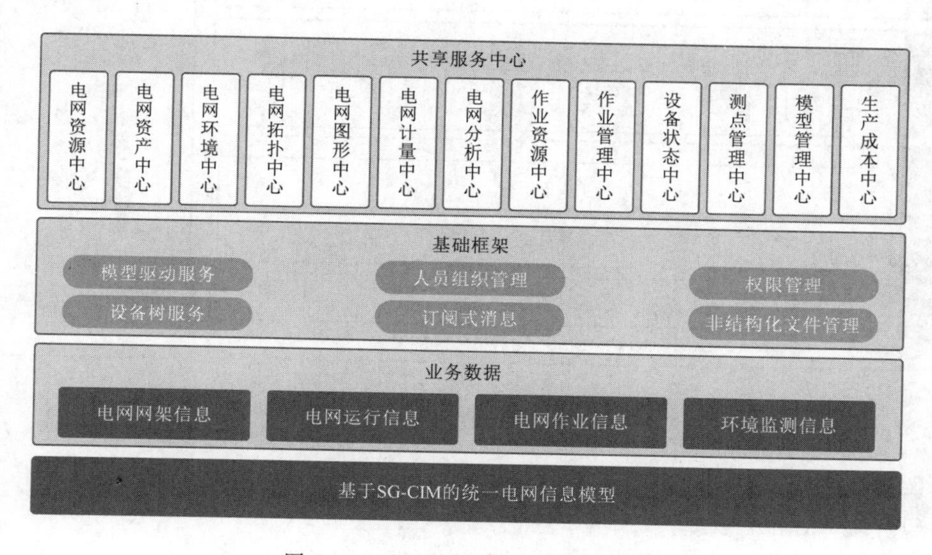

图1-1　电网资源业务中台的构架

电网资源业务中台有以下特性：

(1) 平台松耦合性。采用通用的技术框架进行服务的构建不依赖特定商业大数据技术平台，以无代码入侵方式进行能力整合，可部署于不同平台环境，也可独立部署、独立运行。

(2) 技术开放性。采用开源开发框架，整体上选择主流和稳定版本的组件，进行中台能力的建设，对外接口和服务采用标准化规范，实现中台的开放性。

(3) 构建灵活性。根据运维能力需要，按需选用各类组件，可借助大数据平台或自行部署管理工具进行构建；同时根据平台的完善性，可以根据需求增加新功能，不影响服务运行。

1.2 同源维护套件

同源维护套件是电网资源业务中台上的一个应用。其基于统一信息模型与中台标准服务构建而成，可以实现电源、电网、用户设备的电网资源信息维护，强化发、输、变、配、用等专业的电网资源同源维护能力，保障设备资源、资产、图形、拓扑信息的一致性、准确性和完整性，强化业务中台的统一电网资源维护能力，实现“电网一张图”“数据一个源”和“业务一条线”的任务目标。同源维护套件总体结构如图 1-2 所示。

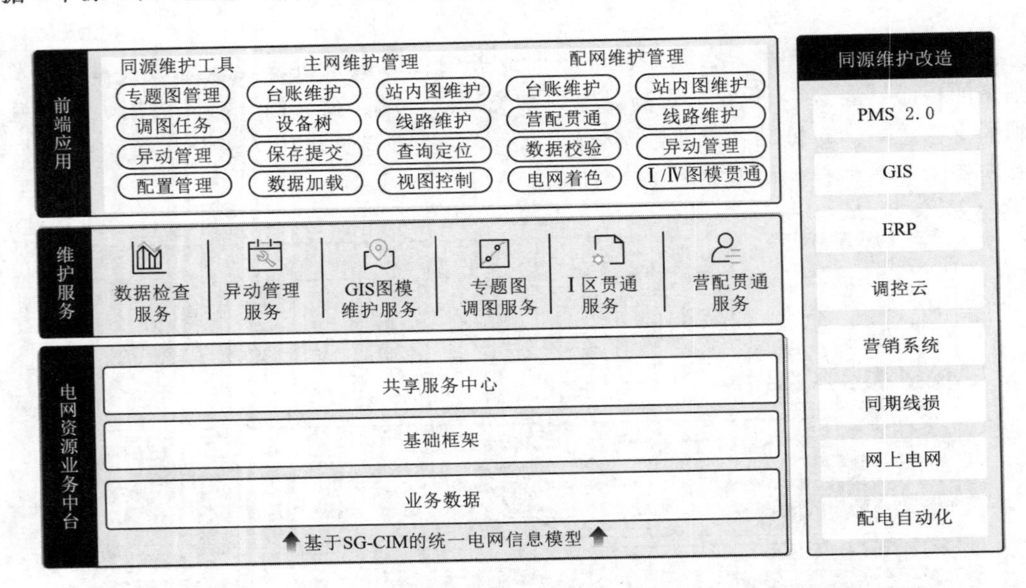

图 1-2　同源维护套件总体结构

架构特点如下：

(1) 统一标准模型。

(2) 图模一体化快速维护。

(3) 不同业务场景分层加载、编辑锁定、数据准确。

(4) 专题图个性化设置。

(5) 营配调同源维护。

(6) 实时共享的专业化一站式服务。

(7) 高可靠、可扩展、易维护。

1.3 同源维护改造

1.3.1 PMS

电网资源业务中台与生产管理系统（production management system，PMS）集

成，实现电网设备在电网资源业务中台源端一次维护，同步至 PMS 实现多处共享，支撑 PMS 运检业务应用，具体实现以下目标：

（1）从电网资源业务中台维护配网（不含二次设备）设备变更申请数据后，将变更设备列表、设备台账信息从电网资源业务中台以消息模式推送给 PMS 进行回写。

（2）PMS 将标准编码、生产厂家和设备型号发送给电网资源业务中台，实现电网资源业务中台对标准编码、生产厂家和设备型号的引用，支撑生产设备数据标准化，符合国网数据管理规范。

（3）通过电网资源业务中台与 ERP 进行主数据同步、功能位置同步、设备转资及退役、报废、再利用等业务集成，电网资源业务中台将资产编号、设备状态等信息传给 PMS，支撑 PMS 相关应用的开展。

1.3.2　GIS 2.0

旧的电网图形管理客户端——GIS 2.0，由于框架老旧且功能落后，存在操作卡顿、台账维护工作量大、专题图效果差和模型差异导致数据问题无法整改等情况，已经远远不能满足实际业务的需要。

经过数据治理后，同源维护套件接受 GIS 2.0 全部的图数信息，无须大规模重新采集录入。以配网中压异动为例，具有以下优势：

（1）设备台账表格式维护。

（2）营配调各专业一条线审核。

（3）支撑单线图调度发展模式。

（4）Ⅰ/Ⅳ区图模贯通，审核结果、红转黑联动，确保一致。

（5）专题图自动异动分析，成图规则可配置、智能调图。

1.3.3　ERP

（1）资产卡片信息集成需求。电网资源业务中台查询设备对应的资产卡片信息，调用 ERP 提供的资产卡片信息获取服务，传入资产编号、单位、部门和功能位置等查询条件，在 ERP 中进行查询，返回资产卡片信息。

（2）资产退役处置。项目申报时选择拟退役设备，运检部门开展初步技术鉴定，对拟退役实物资产逐一进行退役处置方式的初步判定。退役设备现场拆除后，根据技术鉴定结果，对不可再利用的设备发起设备报废流程，对可再利用的设备发起再利用流程。

（3）资产报废流程集成需求。设备资产由“在运”状态变为“退运”后进行技术鉴定，经技术鉴定结果为报废的设备资产进行报废流程处理，在电网资源业务中台中提出设备报废申请，切入 ERP 系统设备报废处置界面，在 ERP 系统中报废审批处置流程完成之后将设备“报废”状态同步到 PM 设备台账和电网资源业务中台设备台账中。

（4）资产调拨管理。依托电网资源业务中台与 ERP 系统的结合，将退役资产通过电网资源业务中台，建立再利用设备、备品备件的信息共享、综合平衡机制，实现需求方与供给方信息互通匹配、规范线上设备调拨流程及设备历史信息可追溯。使退役资产剩余价值得到最大利用。

1.3.4 调控云

（1）建立变电一次设备与调控云一次设备的关联关系，完成中台与调控云数据的贯通。

（2）完成绑定、解绑、更新等数据操作，更新到模型库的资产、资源、图形表中，同时更新铭牌表生产异动消息。

（3）接收调控云的铭牌数据，解析转换后入到铭牌表中，有则更新，无则插入。

（4）接收同源异动信息，将异动后的设备数据进行转换，并回传至调控云。

1.3.5 营销系统

营销业务应用集成是基于统一营配调模型，结合业扩业务，在电网资源业务中台建设“站—线—变—表—户”关系的统一维护体系，实现电网侧信息与用户侧信息融合。支撑“电网一张图”的展示和业扩自动报装，基于服务支撑前端应用实现配电侧、客户侧的拓扑、资源、图形的维护和管理。包括专线、专变、表箱、表计、计量装置、用户侧发电设备、用能设备等维护和管理。

1.3.6 配电自动化系统

根据电力二次系统的特点，电力企业将内部网络划分为“生产控制大区”和“管理信息大区”。生产控制大区分为生产控制区（安全区Ⅰ）和生产非控制区（安全区Ⅱ）；信息管理大区分为生产管理区（安全区Ⅲ）和管理信息区（安全区Ⅳ）。不同安全区确定不同安全防护要求，其中安全区Ⅰ安全等级最高，安全区Ⅱ次之，其余依次类推。

同源维护基于电网资源业务中台和配电自动化系统电网一致性描述的基础，统一配电设备的管理维护模式，奠定配电网同源维护、信息共享的基础，保证电网资源业务中台与配电自动化系统对配电网结构描述的一致性。安全区Ⅰ与安全区Ⅳ之间的图模贯通流程如图1-3所示。

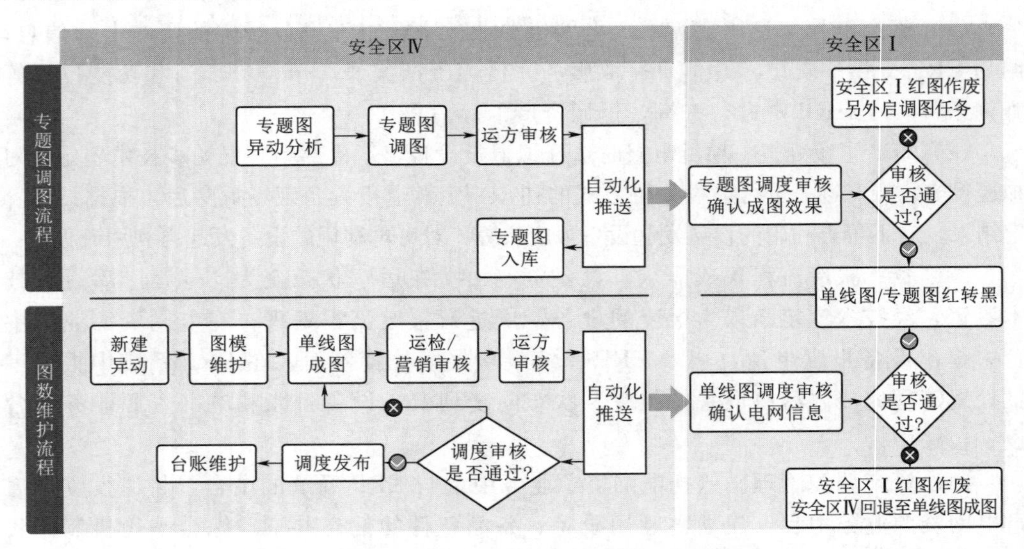

图1-3 安全区Ⅰ与安全区Ⅳ之间的图模贯通流程

第2章 同源客户端

本章将详细介绍同源客户端的使用方法和注意事项。安装客户端需要的电脑配置：

（1）内存≥4GB。

（2）操作系统 Window 7 及以上。

（3）计算机架构 64 位操作系统。

（4）C 盘空余容量≥5GB。

2.1 登 录

在计算机上安装客户端后，安装程序会自动在 Windows 桌面上生成快捷图标，双击该图标，将启动同源配网客户端登录界面，登录界面如图 2-1 所示。

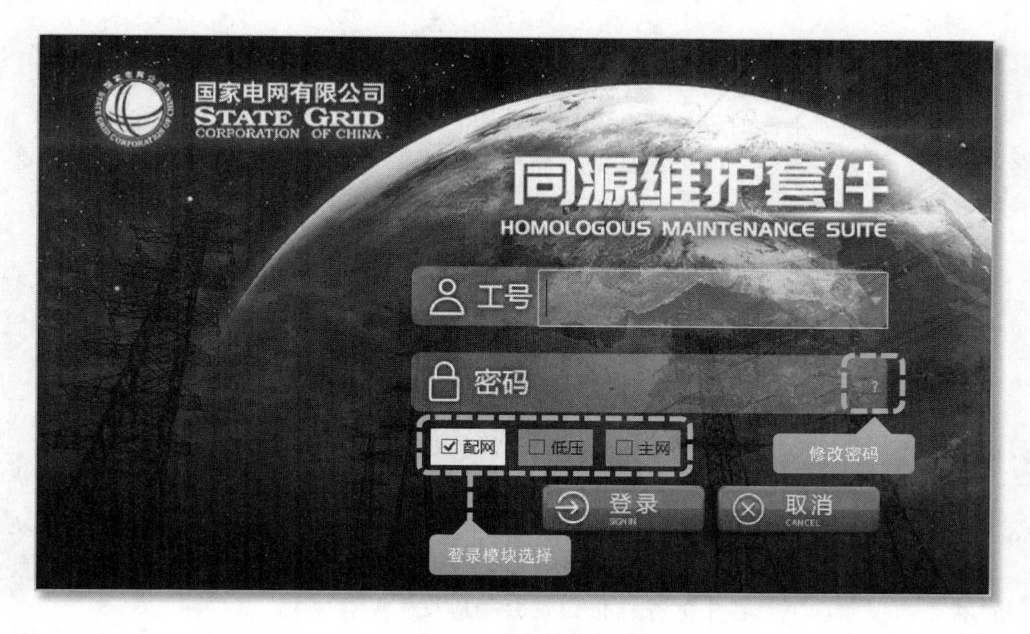

图 2-1 登录界面

根据图 2-1 客户端启动后，将弹出用户登录窗口。工号为门户账号，初始密码为 abcd123456，点击密码框右侧的“?”按钮，可以修改密码。

点击方框，可选择登录配网、低压、主网三大模块。三大模块可以同时开启，但每一种模块只能登录一个账号。

输入正确的账号和密码后，会弹出“打开文件-安全警告”对话框，安全警告如图2－2所示。继续点击“运行（R）”后，即可进入主界面。

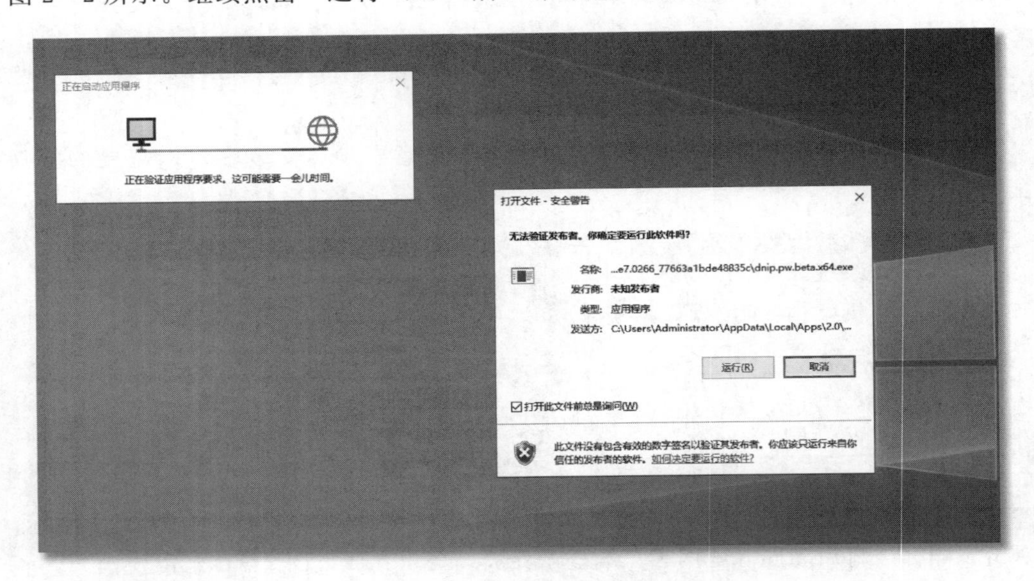

图2－2　安全警告

注意：

（1）必须输入正确的用户名和密码后，客户端才能正常启动。如果输入的用户名不正确，或者密码与用户名不匹配，将登录失败。连续输入错误密码3次后，账号将被锁定。

（2）不同的账号会分配不同的权限，请根据工作需要来登录合适的账号。

2.2　主　界　面

同源维护应用的主界面由菜单栏、工具栏、设备树、工作区和状态栏组成，主界面示意图如图2－3所示。

菜单栏：位于窗口最上方，用户可以通过菜单的形式选择配电编辑建模工具的绝大部分功能。

工具栏：在菜单栏的下面是工具栏，包括若干常用功能的快捷按钮。根据当前编辑状态的不同，工具栏中的操作按钮也会相应发生变化。

设备树：位于窗口侧面，可以隐藏。以树状图的结构展示本账号权限下的所有线路和厂站设备。

工作区：工具栏下面的主要区域就是地图窗口，地图信息、配电网络信息都显示在该区域，可以对配电网络进行编辑修改等操作，因此又称为主编辑窗口。

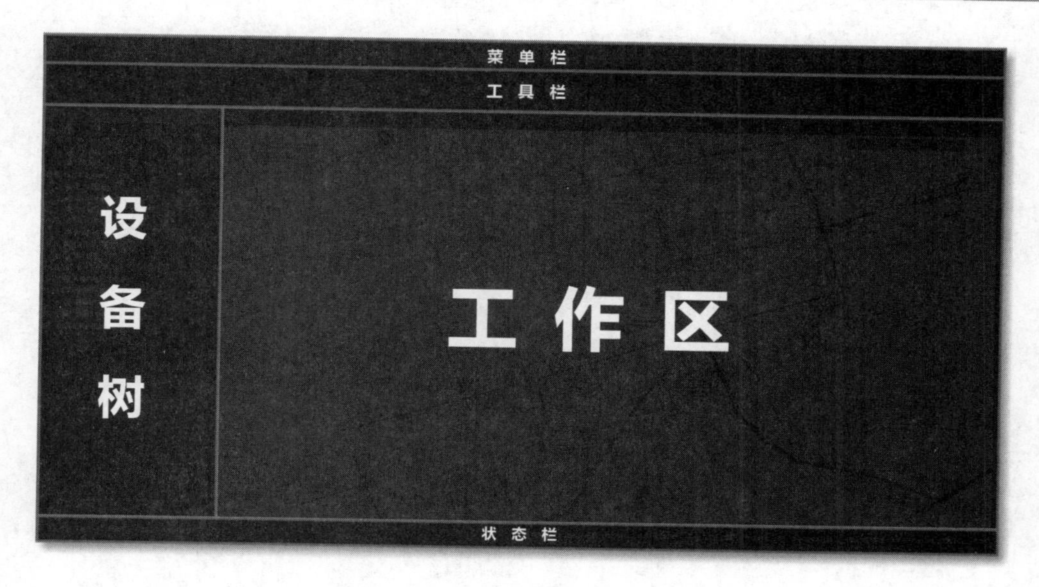

图 2-3 主界面示意图

状态栏：状态栏位于主画面的最下方，用于显示一些提示信息，由左至右分别包括功能说明信息、光标位置信息、账号信息和版本号。

双击菜单栏的“开始”按钮和设备树右上角的 锁定标志，可以隐藏工具栏和设备树，以便获得更大的工作空间，隐藏工具栏与设备树如图 2-4 所示。

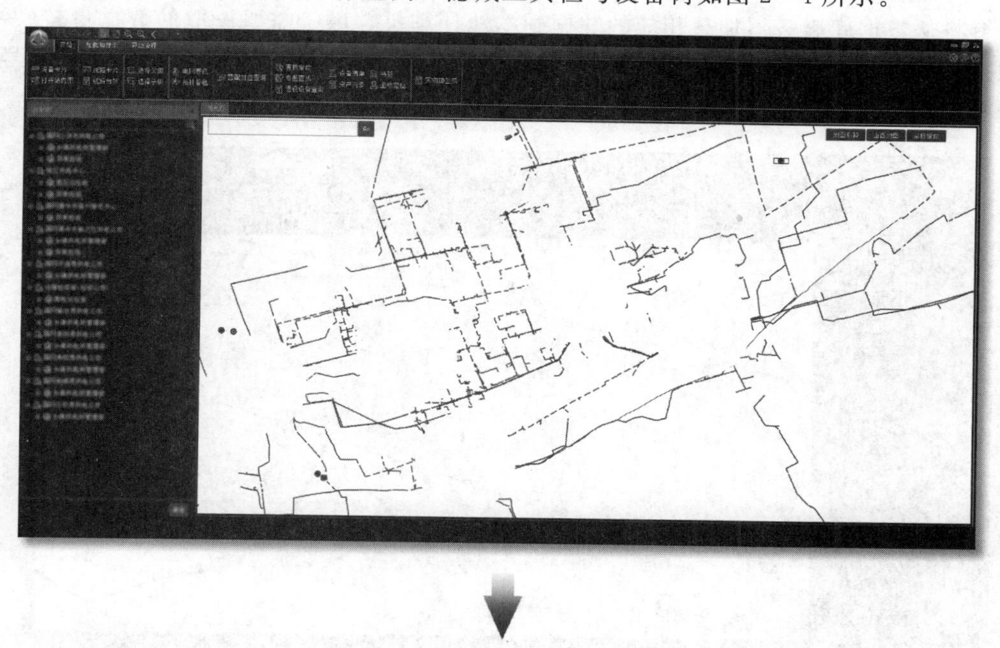

图 2-4（一） 隐藏工具栏与设备树

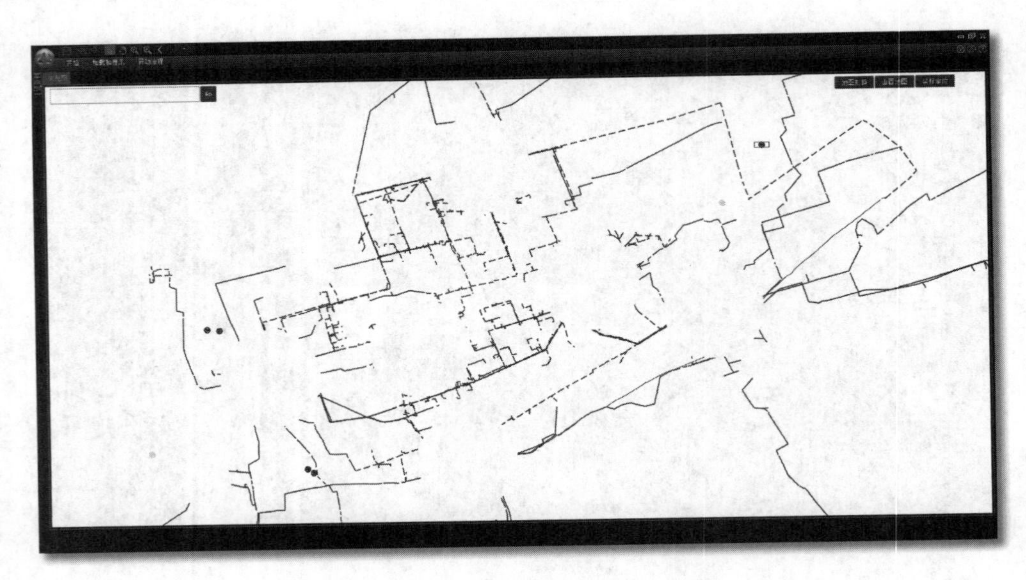

图 2-4（二）　隐藏工具栏与设备树

2.3　浏　览　模　式

用户成功登录后，默认打开浏览模式，浏览模式如图 2-5 所示。电网资源业务中台将从数据库服务器加载相应的数据到本地计算机，由于需要读取的数据量较大，根据计算机性能和网络环境的不同，这个过程需要一些时间。浏览模式显示该账号权限下所有配网的数据。浏览模式数据只读，不能编辑，只能对设备信息进行查看。

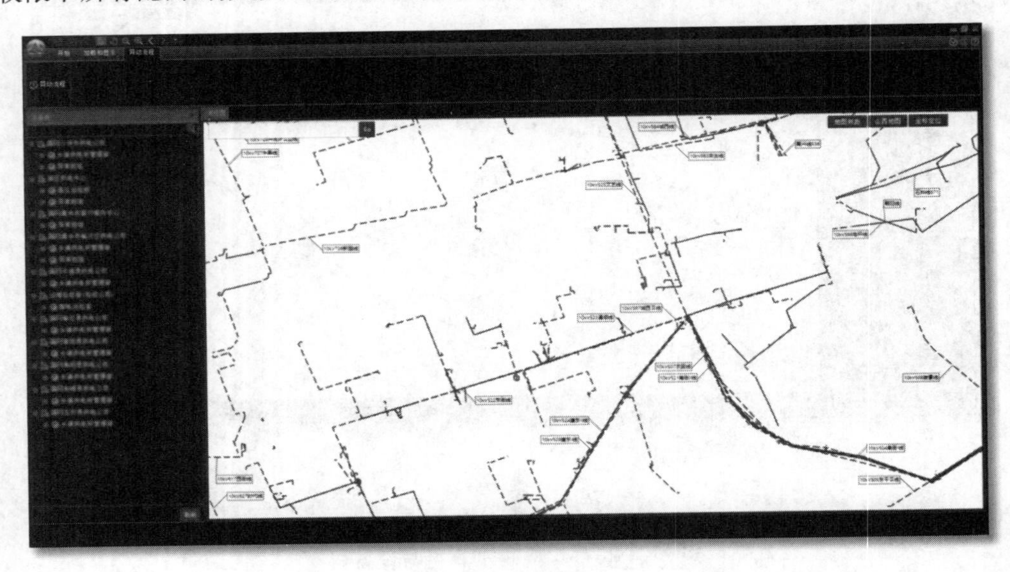

图 2-5　浏览模式

利用鼠标可以在工作区中进行漫游，鼠标操作如图 2－6 所示：点击鼠标左键可以点选图形，按住可以框选图形，使用 Ctrl 键也可以选中多个图形；点击鼠标右键可以调出该图形的功能菜单；滚轮顺时针滚动缩小地图，逆时针滚动放大地图；按住鼠标中间的滚轮可以拖拽页面。

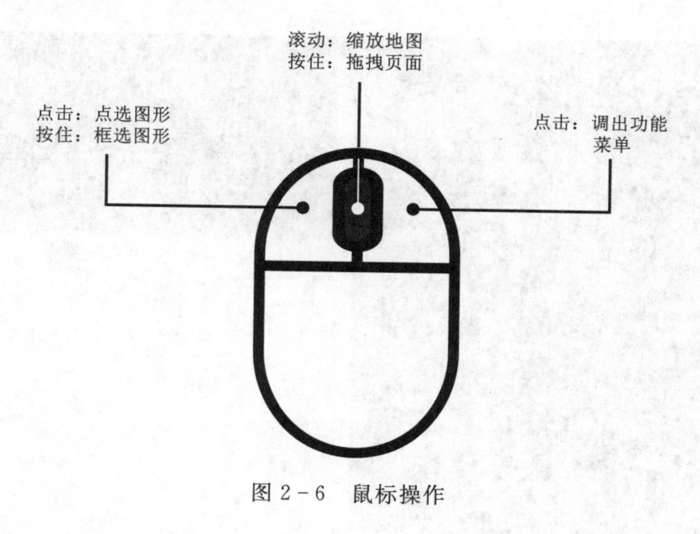

图 2－6　鼠标操作

2.4　菜　单　栏

在浏览模式下，菜单栏中的部分功能未开放，菜单栏如图 2－7 所示。下面介绍菜单栏中的功能。

图 2－7　菜单栏

点选：进入客户端后鼠标操作方式默认为“点选”，可以点选图形。

拖拽：按钮拖拽界面，也可以按住鼠标中间的滚轮操作。

撤销/重做：撤销最近的操作/重做已经撤销的操作。

放大/缩小：放大缩小地图，也可以通过滚动鼠标中间的滚轮实现。

上一视图/下一视图：经过拖拽缩放等改变视图的操作后，通过点击按钮可以回到上一个或下一个视图。

保存：客户端将会把用户所有编辑操作的结果保存到数据库中。保存时会校验，校验不通过给出提示，校验通过后才会写到数据库。也可以使用快捷键 Ctrl＋S 保存。

提示：

(1) 建议对工作内容实时保存，防止遇见因不可抗拒因素，导致异动流程无法保存的情况。

(2) 在执行了保存操作后，撤销/重做功能将无效，直到进行了新的编辑操作。

点击旁边的倒三角按钮可以将更多的功能添加到快速访问工具栏，方便操作，快速访问工具栏如图 2-8 所示。

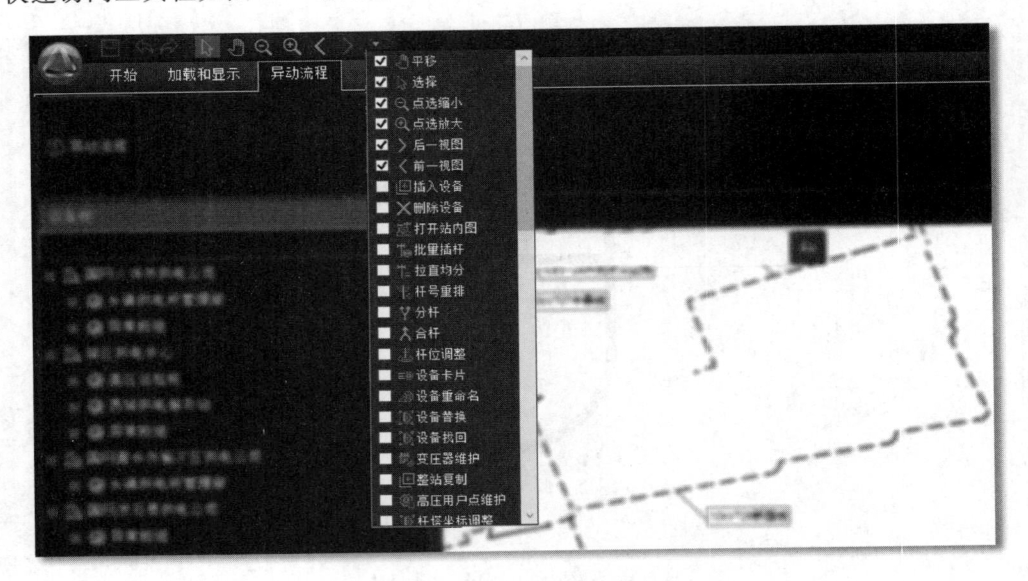

图 2-8　快速访问工具栏

点击左上角的标志选择“账号切换”按钮，可以在不退出图形客户端的情况下切换用户，如图 2-9 所示。

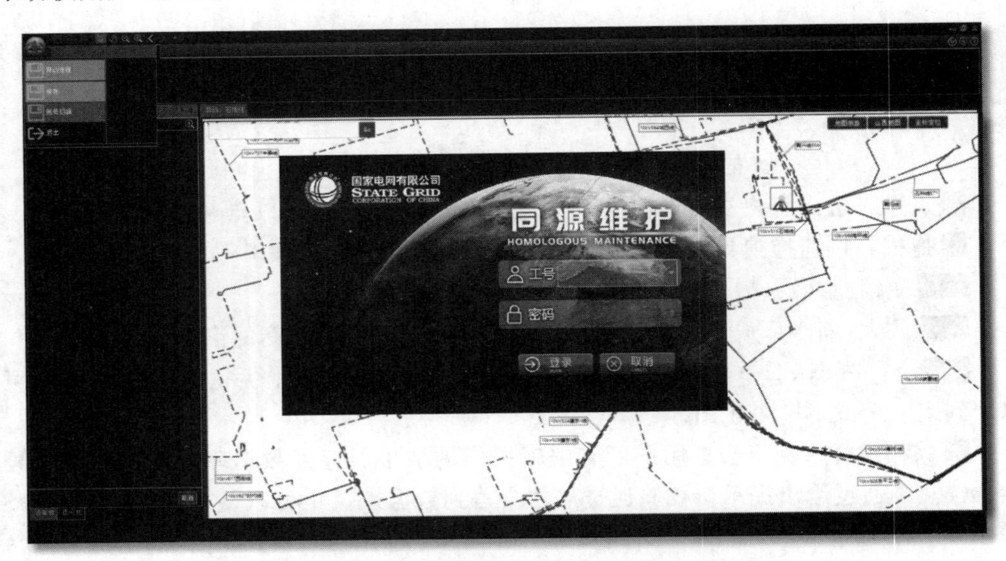

图 2-9　账号切换

2.5 开　　始

下面介绍浏览模式下一些比较常用的基础功能。

2.5.1 设备卡片

单选线路设备、柱上设备或站房设备，选择“设备卡片”按钮，或单选设备后点击鼠标右键选择“设备卡片”，即可查看该设备的台账信息，设备卡片如图2-10所示。浏览模式下，设备卡片只可查看，不可维护。

图2-10　设备卡片

2.5.2 打开站内图

单选站房设备，选择“打开站内图”按钮，或单选后点击鼠标右键选择“打开站内图”，即跳转到站内图，打开站内图如图2-11所示。浏览模式下，站房内的所有设备只可查看，不可维护。

图2-11　打开站内图

2.5.3 线路卡片

单选线路设备、柱上设备或站房设备，选择“线路卡片”按钮，即可查看该设备所属分支线或馈线的线路信息，线路卡片如图2-12所示。浏览模式下，线路卡片只可查看，不可维护。

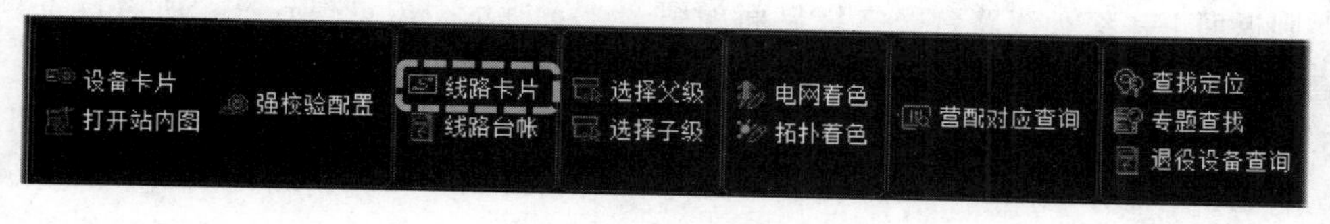

图2-12　线路卡片

2.5.4 线路台账

选择“线路台账”按钮，即可查看本账号权限下所有馈线的信息，线路台账如图2-13所示。

（1）点击表头可以进行筛选。

图 2－13　线路台账

（2）点击定位按钮，可以定位。线路台账筛选功能如图 2－14 所示。

（3）左侧设备树可以筛选数据，分为“按设备类型”和“按线路”进行展示和编辑。

（4）选择一条或多条馈线，勾选前面的方框，点击“编辑设备”进入线路台账二级界面。

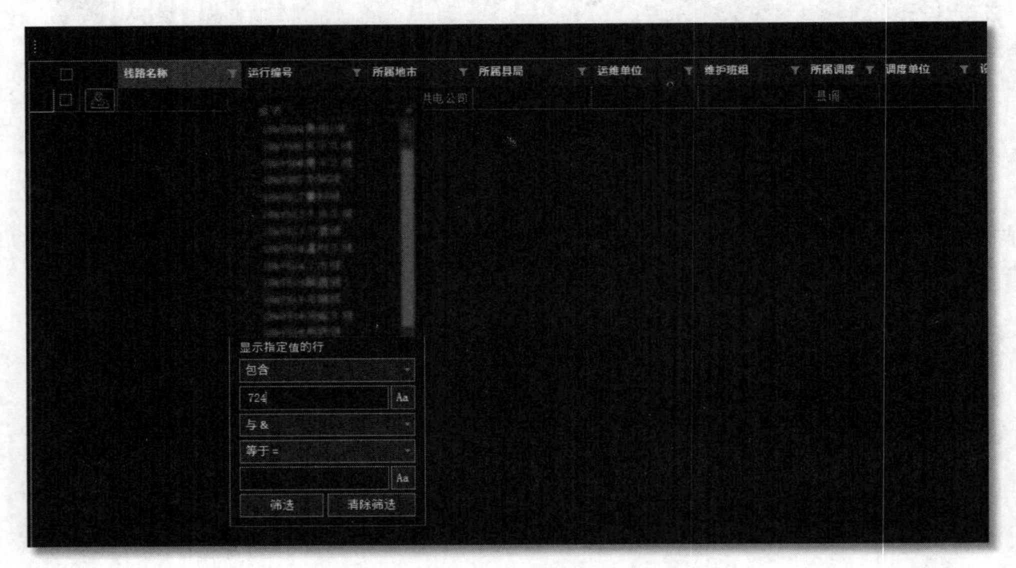

图 2－14　线路台账筛选功能

二级界面会显示该馈线下的所有设备，勾选后可导出为 Excel 表格，点击“返回”则返回上一级，线路台账二级界面如图 2－15 所示。浏览模式下，所有设备只可查看，不可维护。

2.5.5　选择父级与子级

当选中一整条馈线时，通过点击“选择子级”按钮，可以快速将该馈线的下级线路选中，方便用户对线路下所有子级进行定位或者进行其他操作，选择父级与子级如图 2－16 所示。

“选择父级”与“选择子级”互为逆向操作。当用户选中一条支线时，点击“选择父级”按钮，系统会选中当前支线所属的上级线路。

2.5.6　电网着色

“电网着色”功能可以方便用户按颜色找寻相应的线路，电网着色如图 2－17 所示。

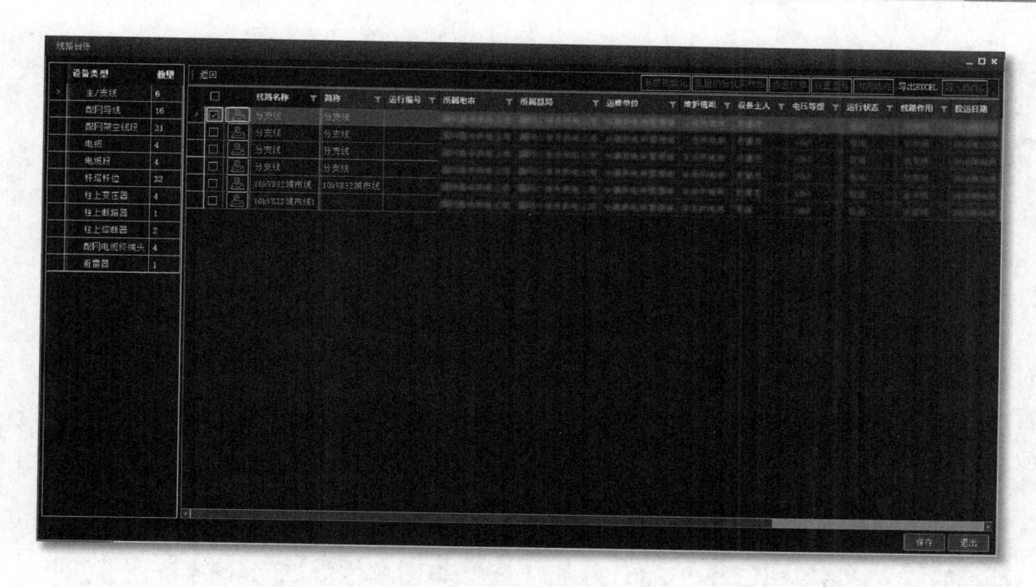

图 2-15　线路台账二级界面

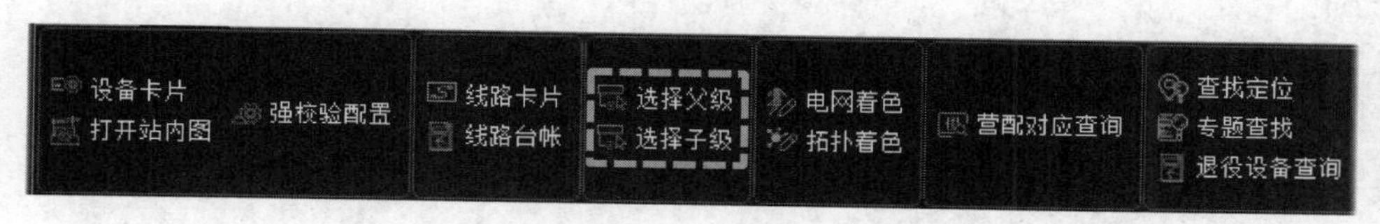

图 2-16　选择父级与子级

图 2-17　电网着色

点击“电网着色”功能，会弹出选项框，选择着色方案。一种为“按馈线着色”，另一种为“按变电站着色”，不同的方案会根据线路不同类别的归属对该账号下所辖线路全部完成分类着色。

着色完成后，“电网着色”按钮会变为“取消电网着色”，再次点击该按钮，会将之前的着色方案取消，线路恢复统一默认颜色。

2.5.7　拓扑着色

“拓扑着色”功能可以测试线路的拓扑连通性，拓扑着色如图 2-18 所示。

点击“拓扑着色”按钮，系统会对账号下所有线路进行拓扑分析，如果出现孤岛设备问题时，会弹出问题窗口，将孤岛问题按列表进行显示，若无此类问题，则不会出现问题窗口。

2.5.8　营配对应查询

营配对应：将电力营销业务系统与电网 GIS 系统中的名称与电源点一一对应，

图 2-18　拓扑着色

打破信息孤岛，实现营配数据信息共享和业务流程化协同运作。

同源提供设备和营销户号绑定的功能。点击“营配对应查询”按钮，弹出营配对应查询界面，完善“维护班组”或“所属馈线”字段，点击查询即可得到设备与营销户号的关联信息。点击“编辑”或“解绑”按钮来进行营配对应操作，营配对应查询如图 2-19 所示。

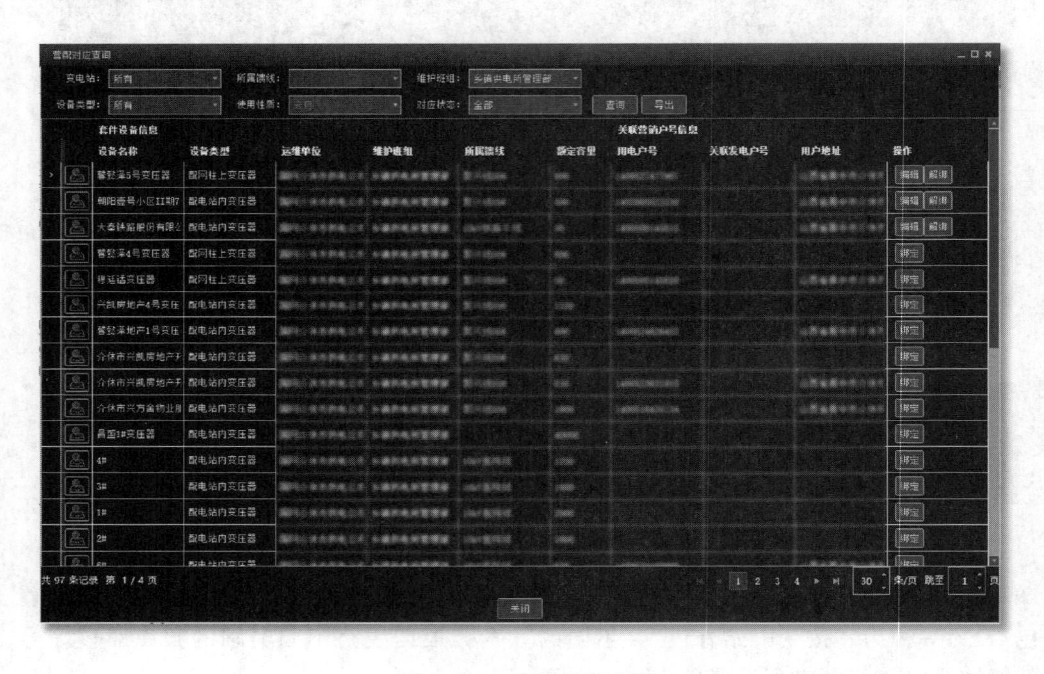

图 2-19　营配对应查询

2.6　查找与定位

同源提供了多种查找与定位方式，方便用户查找与定位设备。

2.6.1　搜索框

搜索框是位于工作区左上角的方框，支持馈线、支线、杆塔、柱上设备和站房设备（无法查找站内设备）。输入设备名称后点击 Go 即可查询，搜索框如图 2-20 所示，是最方便快捷的查找方式。

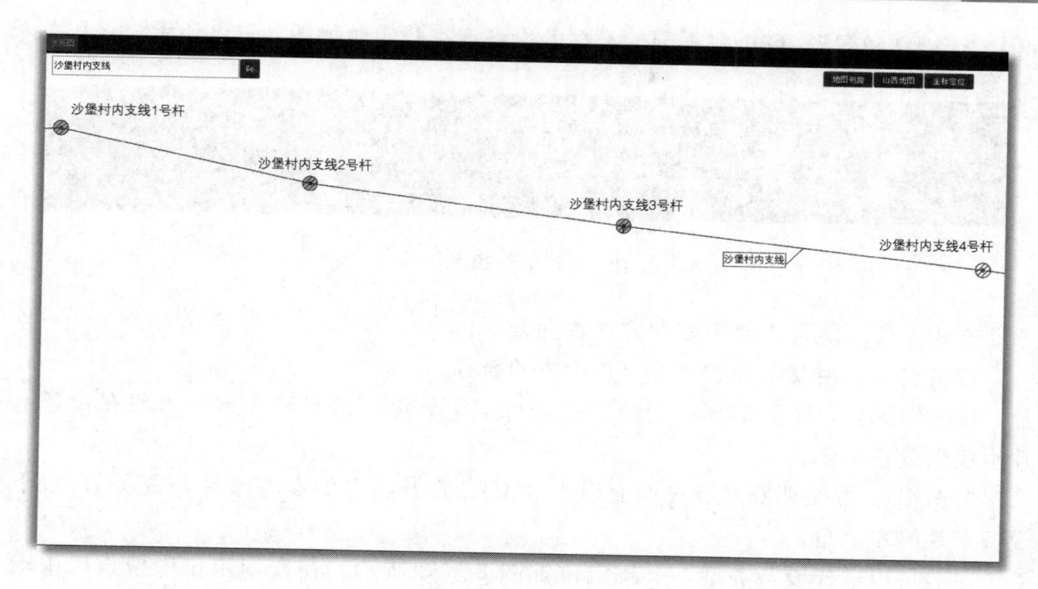

图 2-20 搜索框

2.6.2 坐标定位

同源内置地图经纬度。点击工具栏或工作区中的“坐标定位”定位按钮，输入框里填入经纬度可以精确定位到地理位置，定位地点以红色“+”标识，坐标定位如图 2-21 所示。

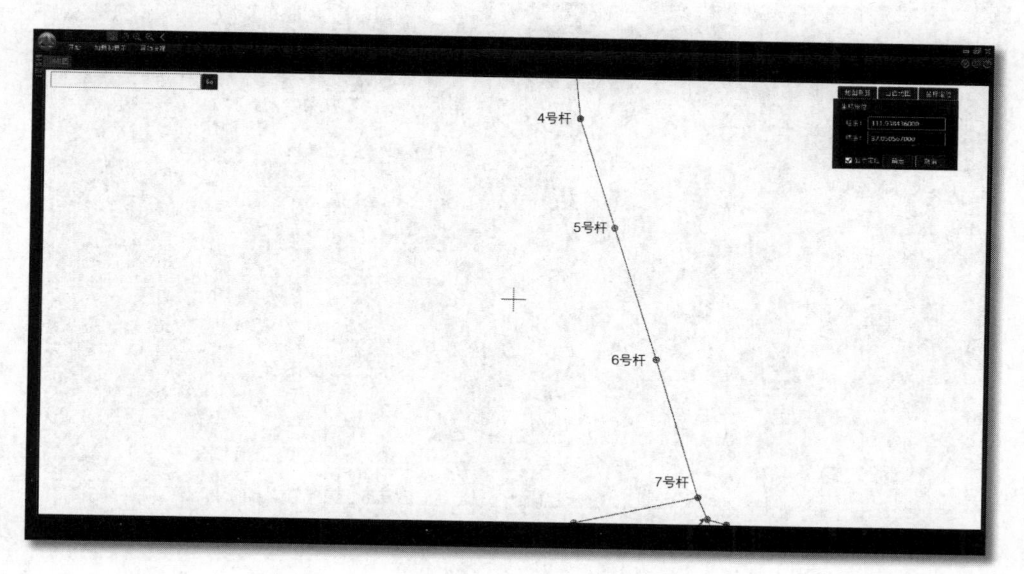

图 2-21 坐标定位

2.6.3 查找定位

“查找定位”工具是功能全面且强大的查找工具，可以通过设备名称、设备编码、资源 ID 和图形 ID 查找不同的类型的设备，查找定位如图 2－22 所示。

图 2－22　查找定位

查找定位功能可以使用多种方式查询设备：

设备名称：由汉字或数字等字符组成的名称。

设备编码：每个图形都有的唯一全局标识码。由同源自动生成，可以在设备卡片中找到设备编码。

资源 ID：方便外部系统查询而引入的 ID。打开图形的设备卡片，资源 ID 位于设备卡片的左上角。

左侧可以选择设备类型，查找定位如图 2－23 所示。在查询定位中搜索栏中输入需查询的设备，点击下方“地理图定位”或“设备树定位”按钮，会在地理图或设备树中定位出该设备，且先闪烁后高亮显示。

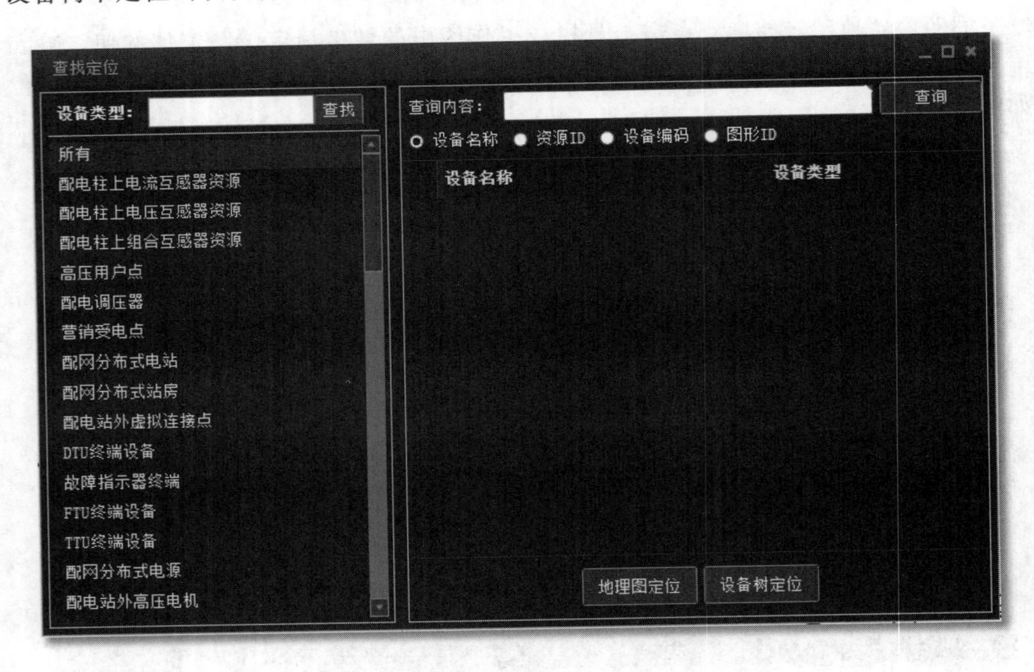

图 2－23　查找定位

若设备类型选择专线与专变，还可以根据“营销 id”进行查询，专变专线查找如图 2－24 所示。

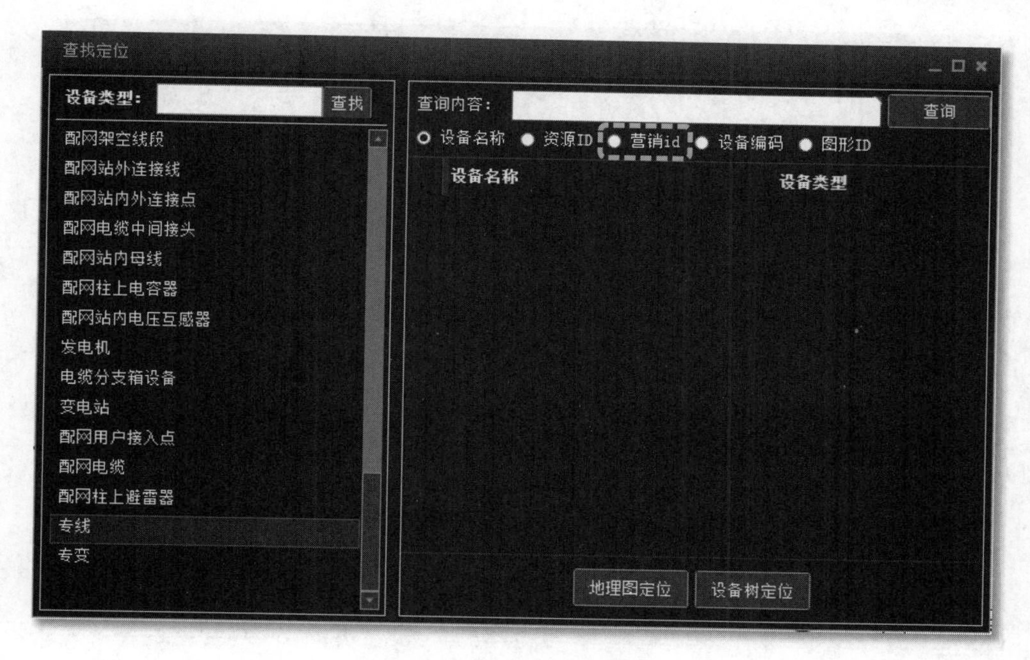

图 2-24　专变专线查找

2.7　加载和显示

2.7.1　数据切换

“加载与显示”一栏中的“数据切换”功能可以实现本地市多县局加载和数据切换，数据切换如图 2-25 所示。用户切换到其他县局以后只能浏览，不可启用异动流程编辑。

2.7.2　刷新浏览数据

当某些数据未实时更新时，可以点击“刷新浏览数据”按钮，短暂等待后，客户端将会尝试更新数据，数据切换如图 2-26 所示。

2.7.3　图层控制

通过调整图层的显示隐藏状态，可以实现地图、设备或线路等是否显示。点击“眼睛”标志可以控制开关：表示显示图层，表示隐藏图层。点击“重置”按钮可以恢复默认设置，图层控制如图 2-27 所示。

2.7.4　查看沿布图

选择任意一段导线或电缆，点击“查看沿布图”按钮，工作区会仅展示该线路的地理沿布图及所属变电站，而其他馈线会消失，查看沿布图如图 2-28 所示。

点击底部的“导出”按钮，可以将此馈线的地理沿布图导出为图片，“导出SVG”可以将沿布图导出为矢量图格式。

图 2-25　数据切换

图 2-26　数据切换

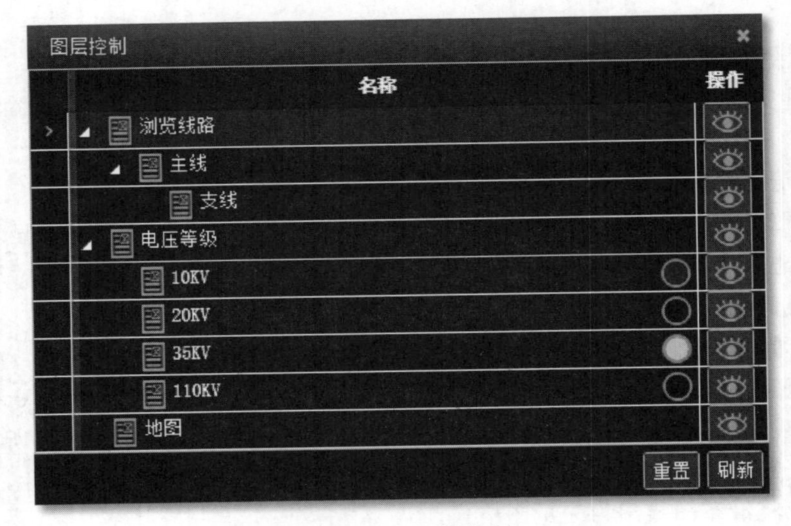

图 2-27　图层控制

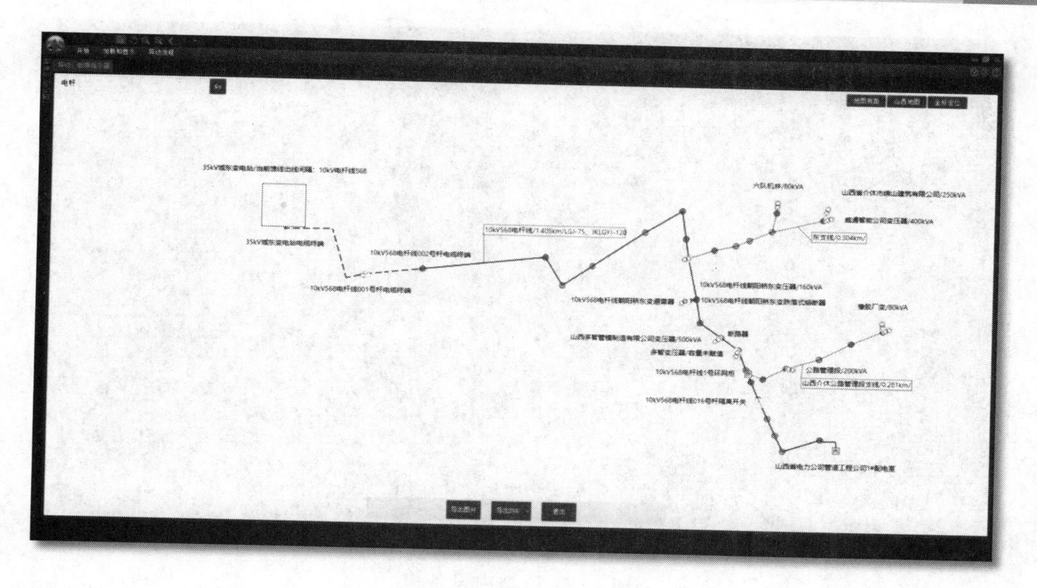

图 2-28　查看沿布图

2.8 设　备　树

设备树：按配置的层次结构展示当前加载的设备数据之间的上下级关系。设备树分为站外设备树和站内设备树，站外设备树如图 2-29 所示。站内设备树如图 2-30 所示。浏览模式下，设备树内的所有设备只可查看，不可维护。

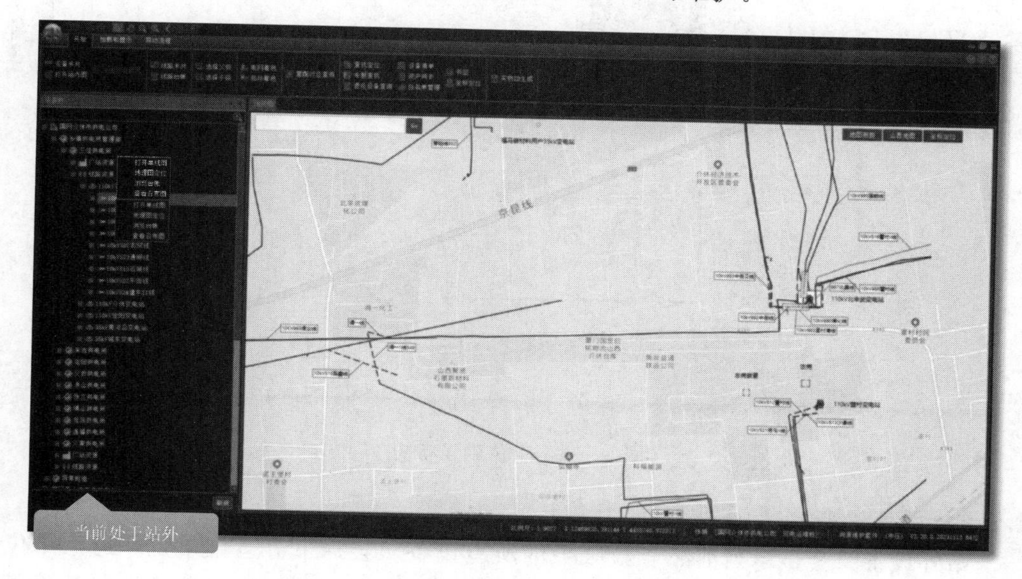

图 2-29　站外设备树

图2-30　站内设备树

用户有两种方法在设备树中定位设备：一是直接在左侧设备树中按节点查询，二是在工作区中选择某一设备，右键调出功能菜点击“定位至设备树”。定位到设备树如图2-31所示。

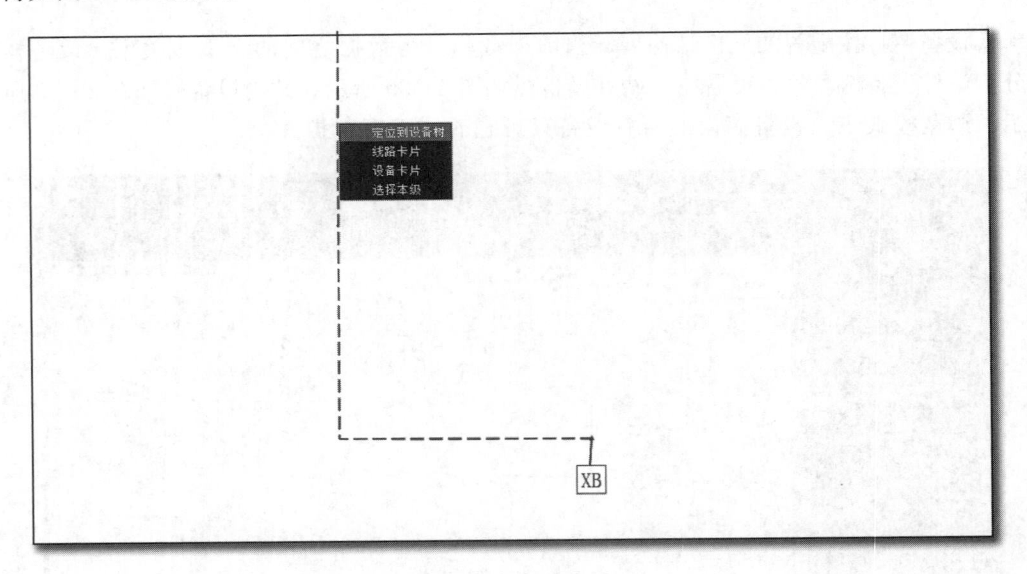

图2-31　定位到设备树

2.8.1　站外设备树

站外设备树会显示当前账号权限下的所有设备。县局下分运维单位，运维单位下分维护班组，维护班组主要分厂站资源与线路资源，节点点击展开后加载其下子节点，站外设备树及其节点如图2-32所示。

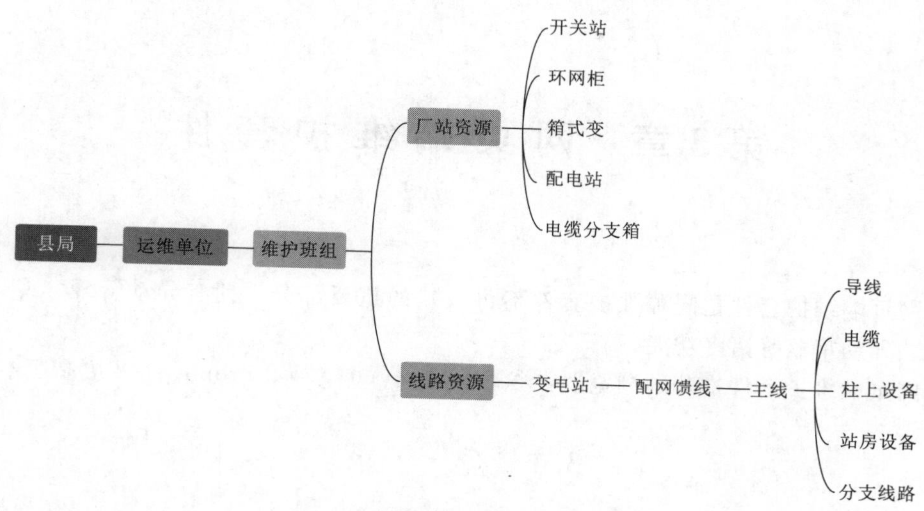

图 2-32 站外设备树及其节点

右键功能菜单说明如下：

(1) 不同的节点类型配置不同的右键菜单。

(2) “打开单线图”会启用系统自带浏览器打开此线路的单线图。

(3) “地理图定位”会在工作区高亮显示此设备。

(4) “浏览台账”会打开设备卡片或线路卡片。

(5) “查看沿布图”功能与“加载与显示”页面下的查看沿布图功能相同。

2.8.2 站内设备树

站内设备树显示当前站房的设备层级关系，设备的顺序依次是“站房—母线—间隔—设备”，母联与母线同等级，站内设备树及其节点如图 2-33 所示。

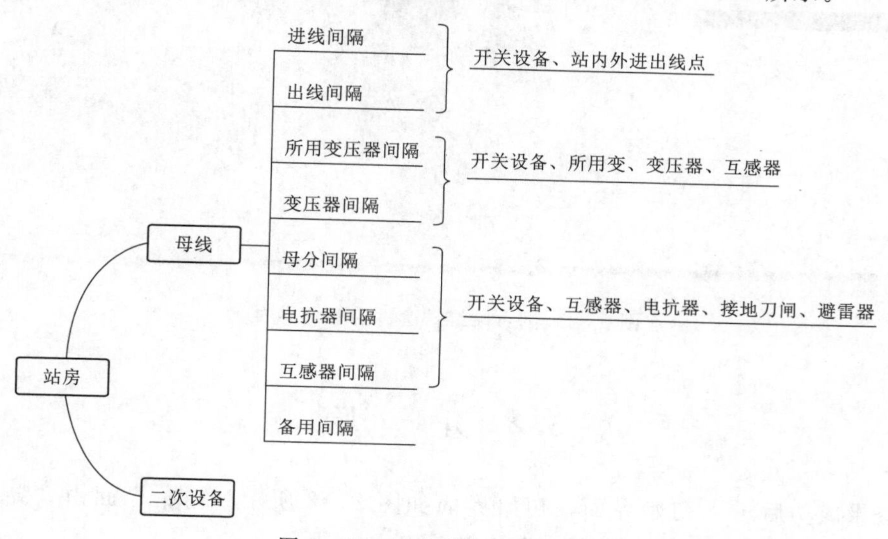

图 2-33 站内设备树及其节点

第3章 网页端维护套件

网页端维护套件是同源维护套件不可或缺的重要部分，拥有异动管理、专题图操作、异动审核等诸多功能。

网页端维护套件推荐的浏览器：谷歌浏览器（64位）Chrome 81及更高版本。

3.1 登　　录

网页端维护套件的登录界面如图3-1所示，所需账号密码与客户端一致，连续输入错误密码3次后，该账号将被锁定，需联系后台技术人员解锁后使用。登录状态下超过一定时间未操作需要重新登录。

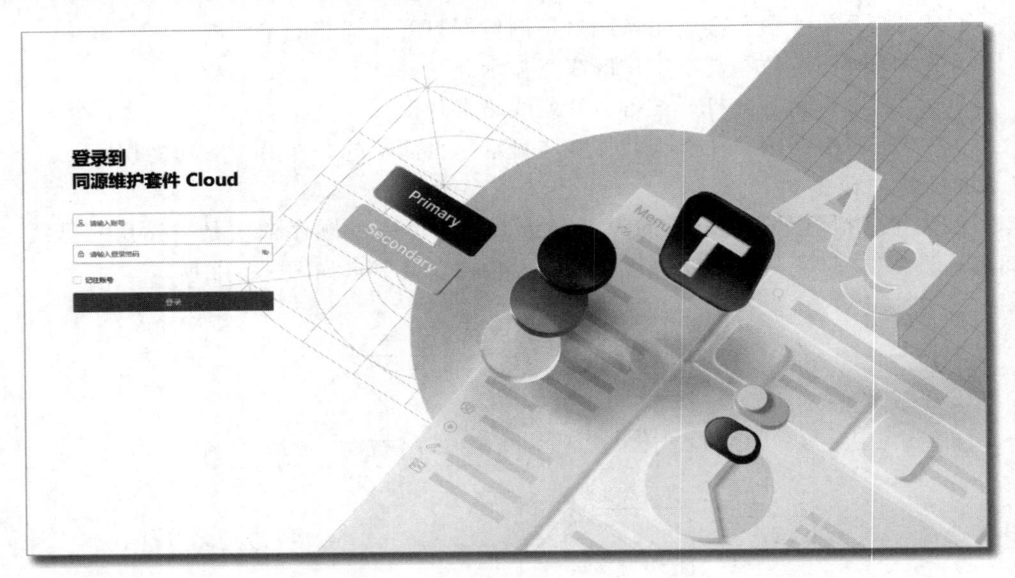

图3-1　网页端维护套件的登录界面

3.2 开　　始

登录成功后进入初始界面，初始界面如图3-2所示。初始界面由“导航栏”“侧边栏”“任务树”和“任务界面”四部分组成。

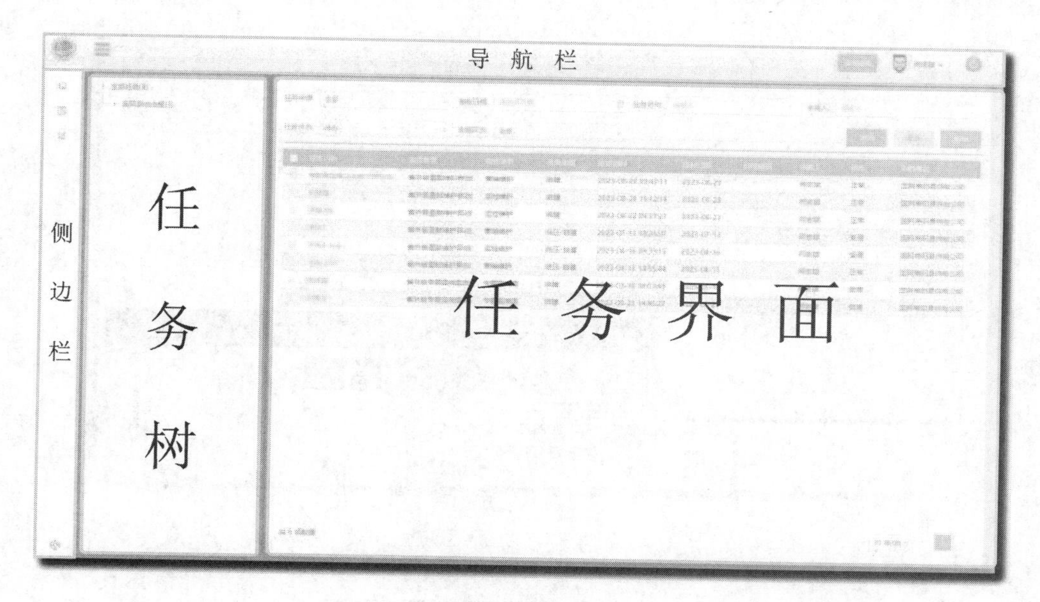

图 3-2　初始界面

3.2.1　导航栏

导航栏右侧有三个功能，分别是更新说明、个人账号及设置以及退出登录，导航栏如图 3-3 所示。

图 3-3　导航栏

“更新说明”功能是软件开发者对于每个版本功能更新进行的说明，更新说明如图 3-4 所示。用户可以通过“版本信息”了解到当前版本对于系统功能的增加、删除及各种改动；通过“历史版本”了解以往各个版本对于系统做出的更新；点击“其他”功能按钮则可以下载套件操作手册。

点击用户名称或者头像，会出现下拉选项“系统设置”和“退出登录”两个选项。

点击“系统设置”，右侧会弹出菜单，用户可以在该窗口中进行页面个性化设置。页面个性化设置如图 3-5 所示。该功能仅针对系统外观进行设置，不涉及其他系统应用方面的设置。

点击“退出登录”则会立马退出当前账户，页面返回到登录界面。右侧的退出登录按钮功能与此相同。

3.2.2　任务树和任务界面

任务树会展示客户端和网页端中全部的在途任务，用户可以点击任务树快速找

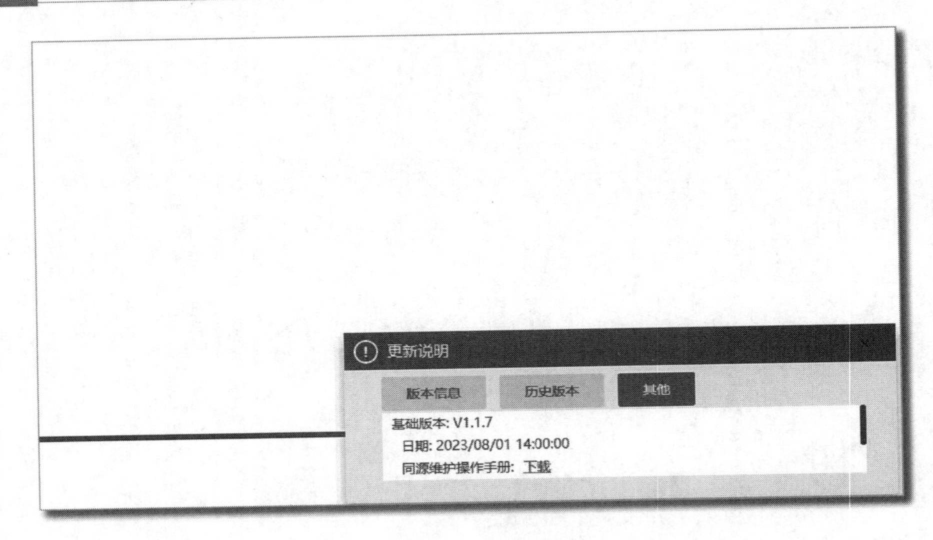

图 3-4　更新说明

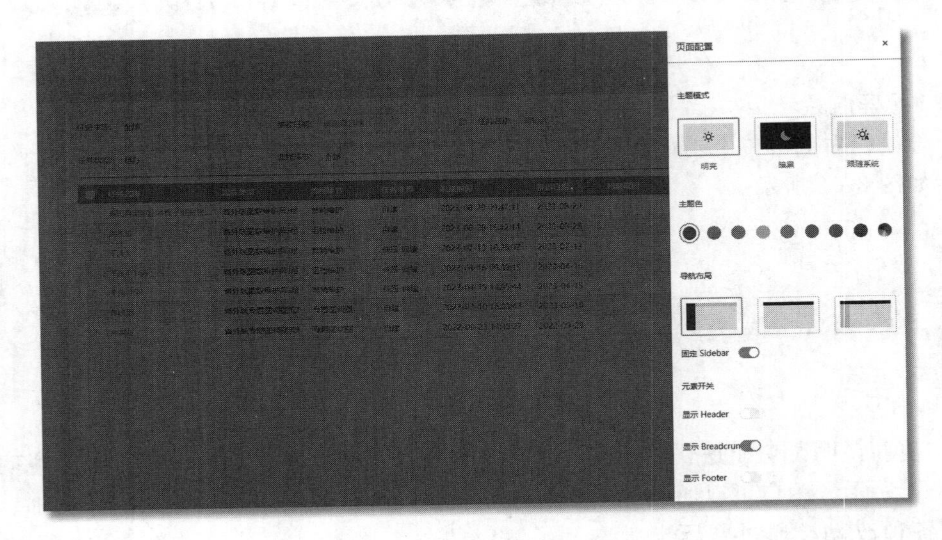

图 3-5　页面个性化设置

到对应类型任务，任务树和任务界面如图 3-6 所示。

页面右侧有详细的任务列表，默认状态下，该列表显示待办状态（未完成）异动任务，并根据生成时间进行排序。点击任务名称可打开该任务设备变更申请单。

3.2.3　侧边栏

侧边栏有三个最常用的基本功能，分别是“图数维护”“县局成图配置”和“专题图浏览”。默认状态下以图标显示，点击导航栏的☰按钮会将功能名称完整显示。

当用户进入这些功能后，左下角会自动记录并保存当前的记录，退出该界面后仍可在左下角重新进入，侧边栏如图 3-7 所示。

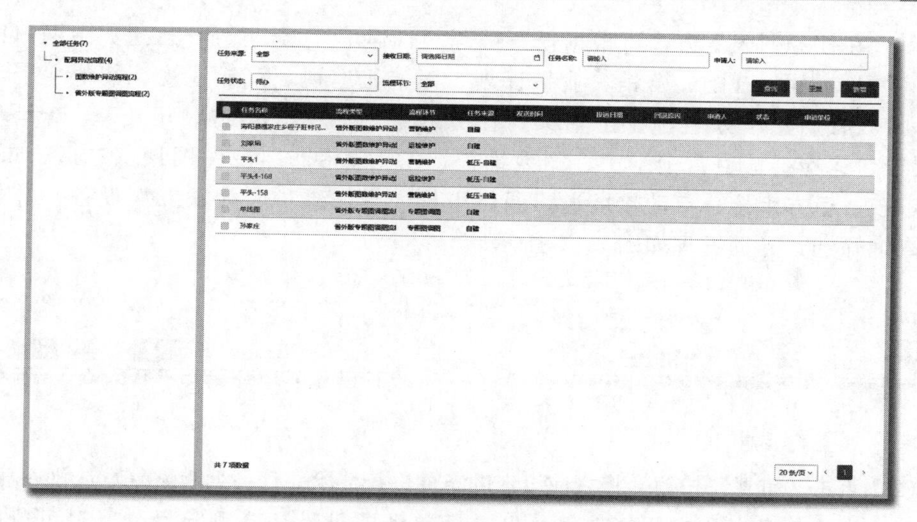

图 3-6　任务树和任务界面

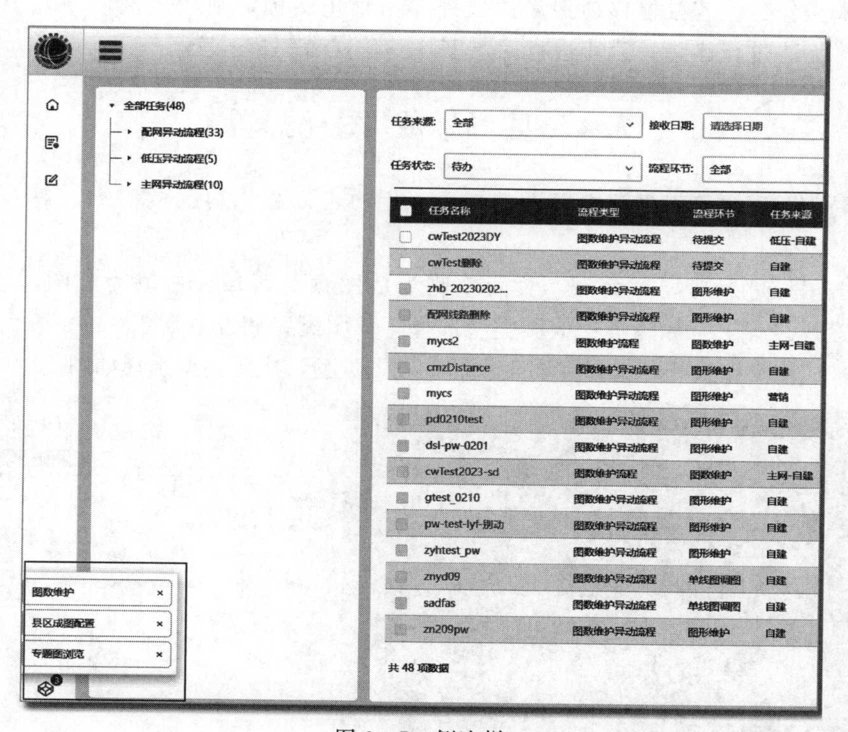

图 3-7　侧边栏

3.3 异　动　管　理

异动管理是同源最重要的功能之一，若要对图形和台账进行编辑，必须在异动流程内进行。

（1）在任务列表上方，可根据任务来源（自建、计划、低压-自建、主网-自建、低压-营配、主网-营配、营销、业扩计划、无人机巡视、App巡视、其他生产计划等）、接收日期、任务名称、申请人、任务状态（代办、已办、历史）、流程环节（待提交、运检维护、营销维护、图数维护、GIS预沿布、专题图调图、运检审核、营销审核、运方审核、自动化推送、调度审核、台账维护、关联二次设备）等选项进行查询筛选，异动管理如图3-8所示。

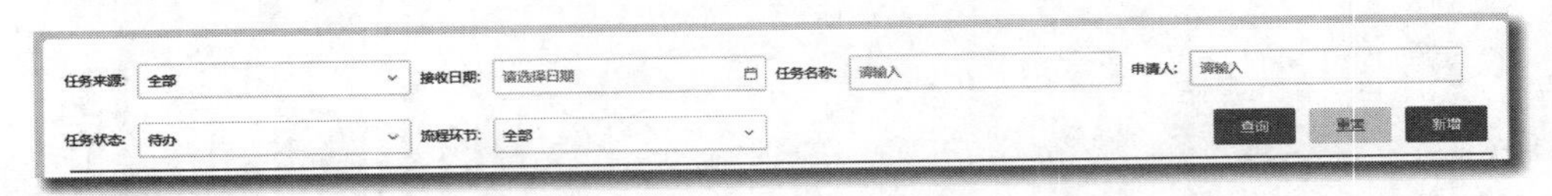

图3-8 异动管理

（2）点击“重置”按钮会将之前设定的条件进行清除，任务列表恢复默认排序显示。

（3）点击任务名称左侧复选框，可进行单个或批量任务删除操作，只可删除新建、未提交任务。若鼠标移动到复选框处变为禁止图标，则代表该任务处于在途操作过程，无法进行删除，只能进行回退删除操作或者完成提交。

3.4 县局成图配置

县局成图配置可以设置专题图的样式。用户可以根据自己的需求，对专题图进行自定义设置。

点击图标进入功能页面后，页面左侧为成图预览区域，右侧为成图配置区域。成图配置区共有三个标签页：成图类型选择、成图配置和设备树。

（1）成图类型选择：选择需要生成的专题图类型，成图类型选择如图3-9所示。

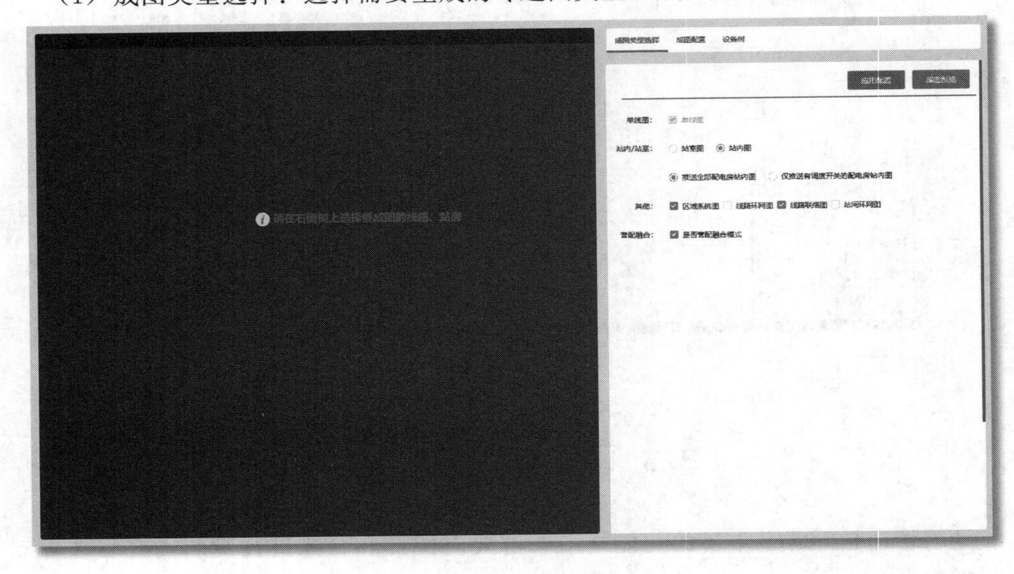

图3-9 成图类型选择

（2）县局成图配置：设置专题图的样式。用户可以根据自己的需求，对专题图进行自定义设置，点击“应用配置”完成设置，成图配置如图 3-10 所示。

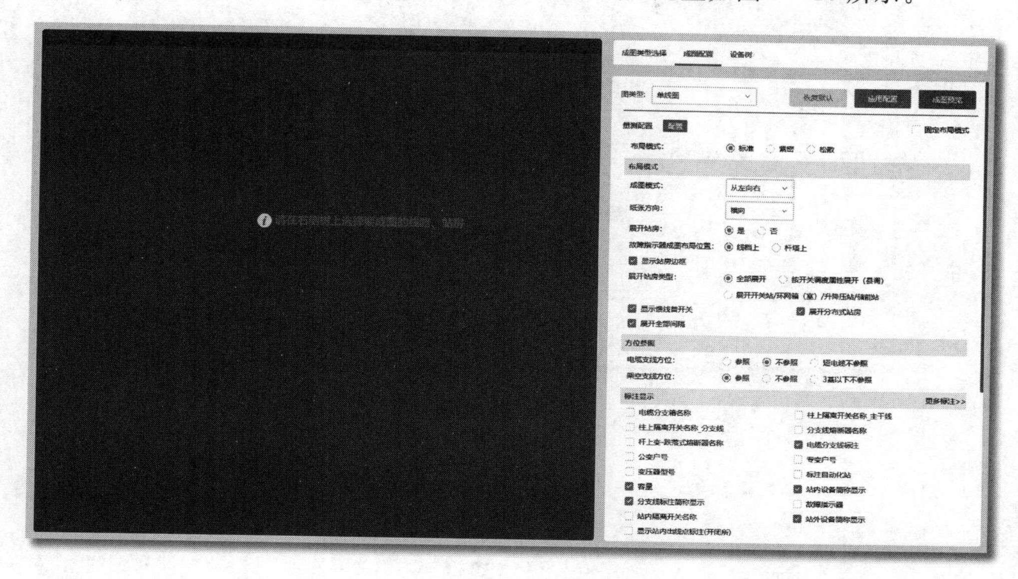

图 3-10　成图配置

（3）设备树：可以从设备树中选取一张单线图，预览效果。

3.5　专题图浏览

电网专题图：根据各类应用需求生成的电气关系图。根据管理方式和作用的不同，专题图为不同的业务应用提供精简准确的图形，满足各类场景的需要。

专题图浏览提供线路各种图形的展示功能，并且支持打印或导出为 PDF 或 JPG 格式。点击左侧“专题图浏览”按钮后，点击左上角的设备树按钮，会出现五种不同类型的专题图，分别是：单线图、站室图、环网图、系统图以及台区图，专题图浏览如图 3-11 所示。

前四个专题图以变电站为分类展示节点，台区图以供电所作为分类展示节点。系统会将权限区域下所辖设备进行列表展示，用户可以浏览不同类型的专题图。

另外，在查询界面可以按变电站、线路、站房和低压台区进行搜索，方便用户快速定位。

3.5.1　单线图

单线图：采用一定布局算法生成的忽略地理走向与电气连接，只反映拓扑结构的馈线图。单线图有站房展开和站房不展开两种类型，单线图（站房未展开）如图 3-12 所示。单线图（站房展开）如图 3-13 所示。

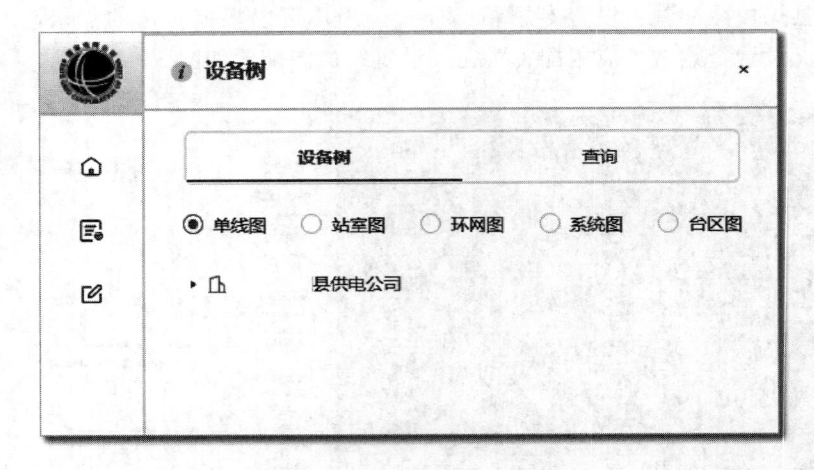

图 3 - 11　专题图浏览

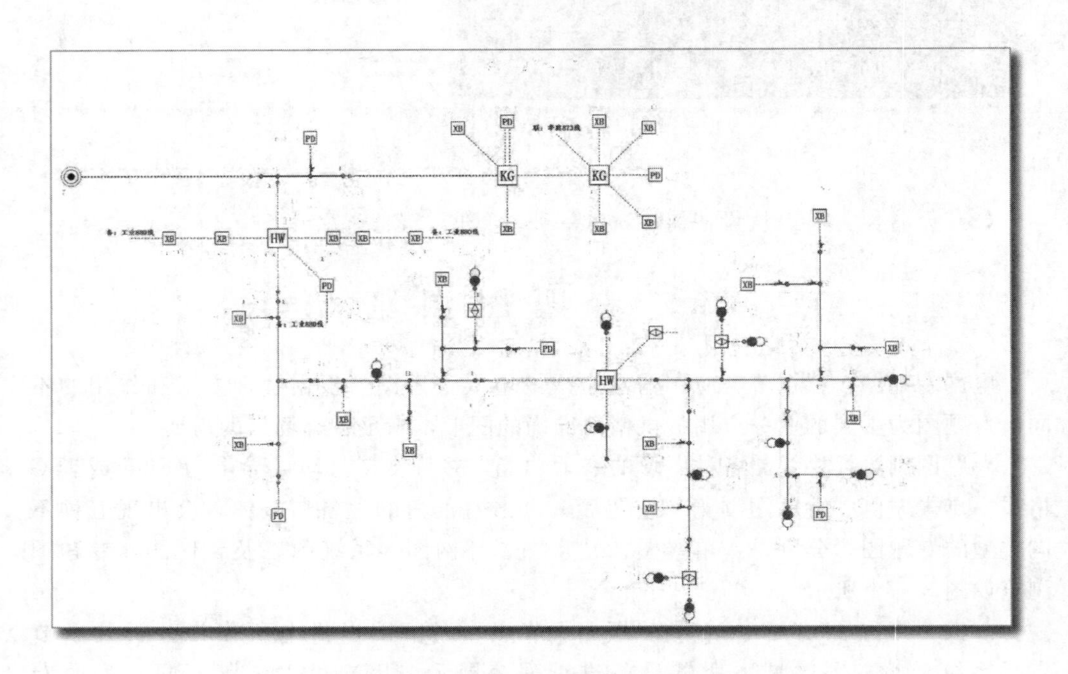

图 3 - 12　单线图（站房未展开）

3.5.2　站室图

站室图：通过生成站房内部接线和其间隔出线的情况，直观展示站房内部情况的间隔图，站室图如图 3 - 14 所示。

3.5.3　环网图

环网图：从变电站出线间隔开始，终止于与当前馈线直接或间接联络的变电站出线间隔的馈线联络图，环网图如图 3 - 15 所示。

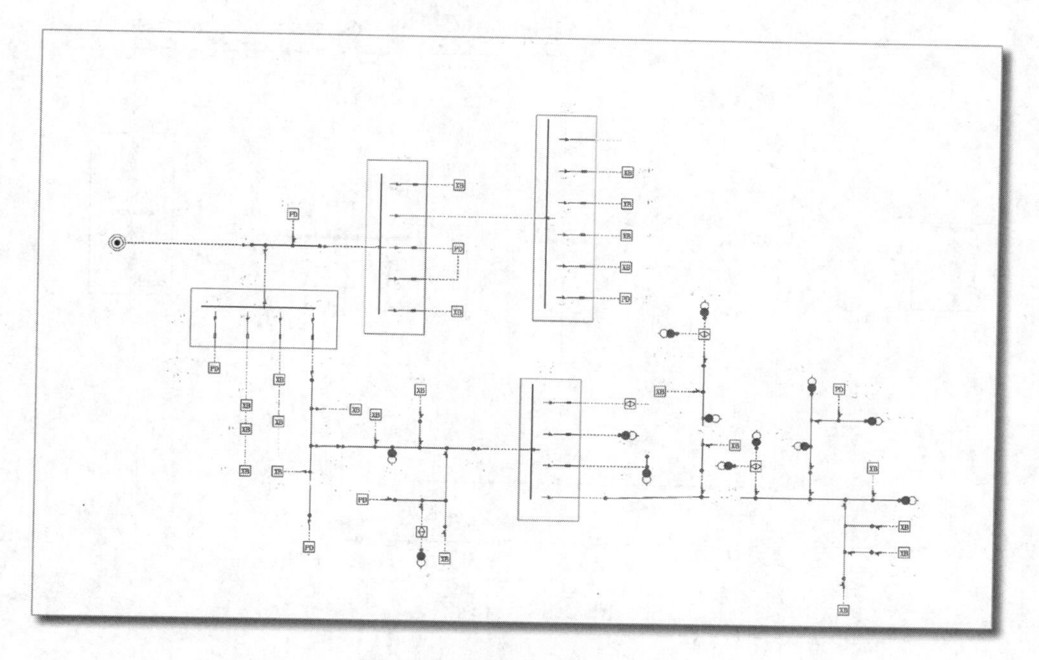

图 3-13　单线图（站房展开）

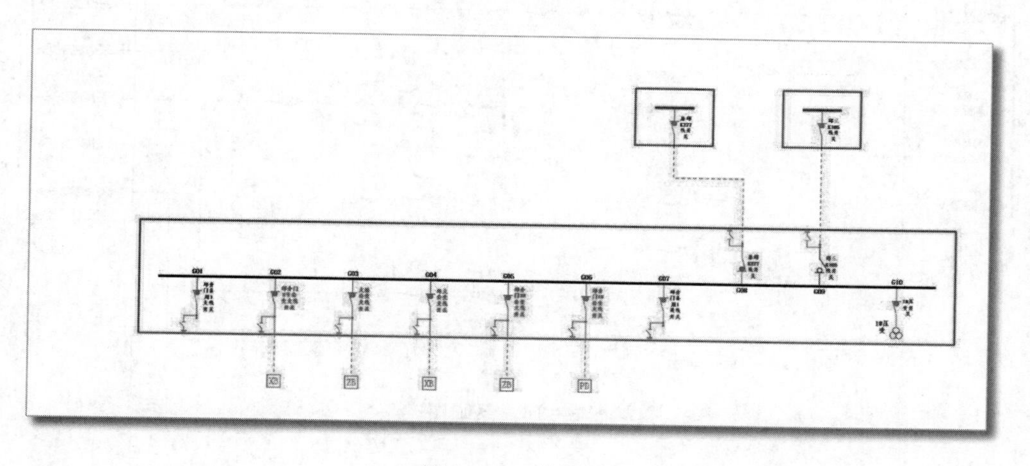

图 3-14　站室图

3.5.4　系统图

系统图：展示辖区中供电线路的联络关系图，系统图如图 3-16 所示。

3.5.5　台区图

台区图：以单个台区为单位，展示变压器供电范围内低压设备的拓扑图，台区图如图 3-17 所示。

图形选项下方显示用户所在县局的设备树。点击 ▸ 小三角展开设备树，县局下级节点按变电站划分，变电站下一级节点就是线路。用户也可以在“查询”板块快

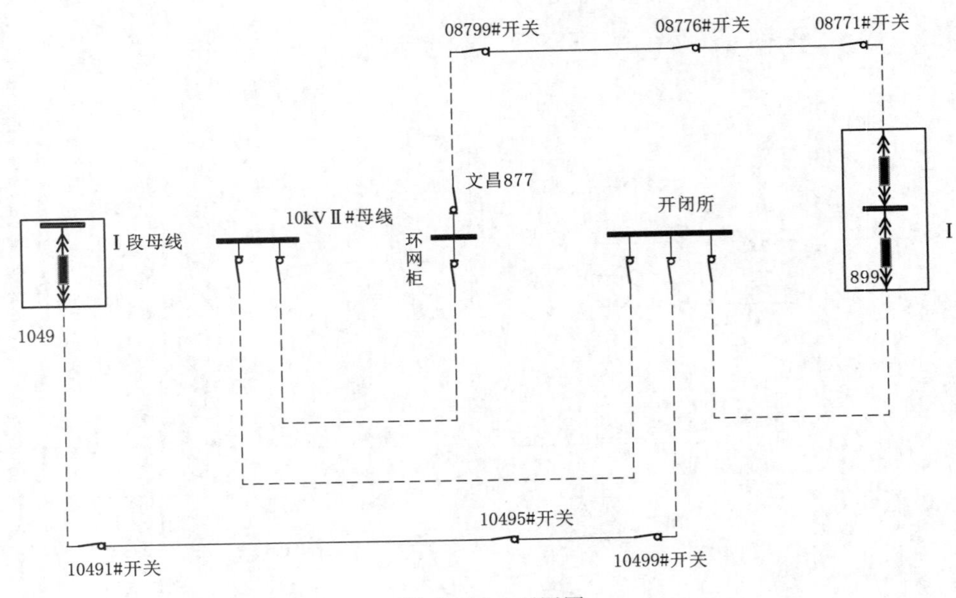

图 3-15　环网图

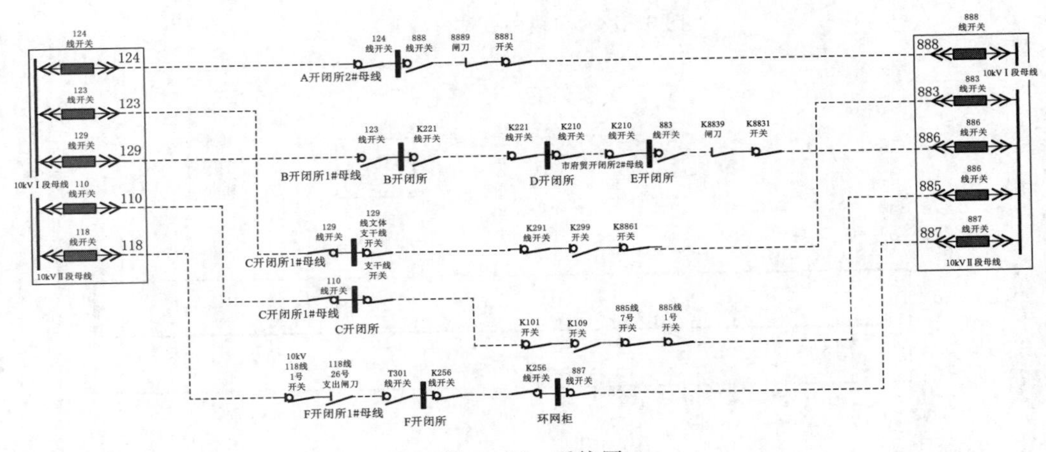

图 3-16　系统图

速查询线路。

在线路名称上单击右键即可调出功能菜单，右键功能菜单如图 3-18 所示。

双击线路名称，即可显示该线路的单线图。图形的左下角显示线路同杆架设信息（若无同杆架设则不显示），右下角以表格形式展示该线路的制图信息，打开单线图如图 3-19 所示。

3.5.6　导出专题图

单线图上方的工具栏中提供了一些操作功能图标。

移动：光标变为手型选择状态，可以在图中拖拽浏览，也可以按住鼠标右键实现拖拽。

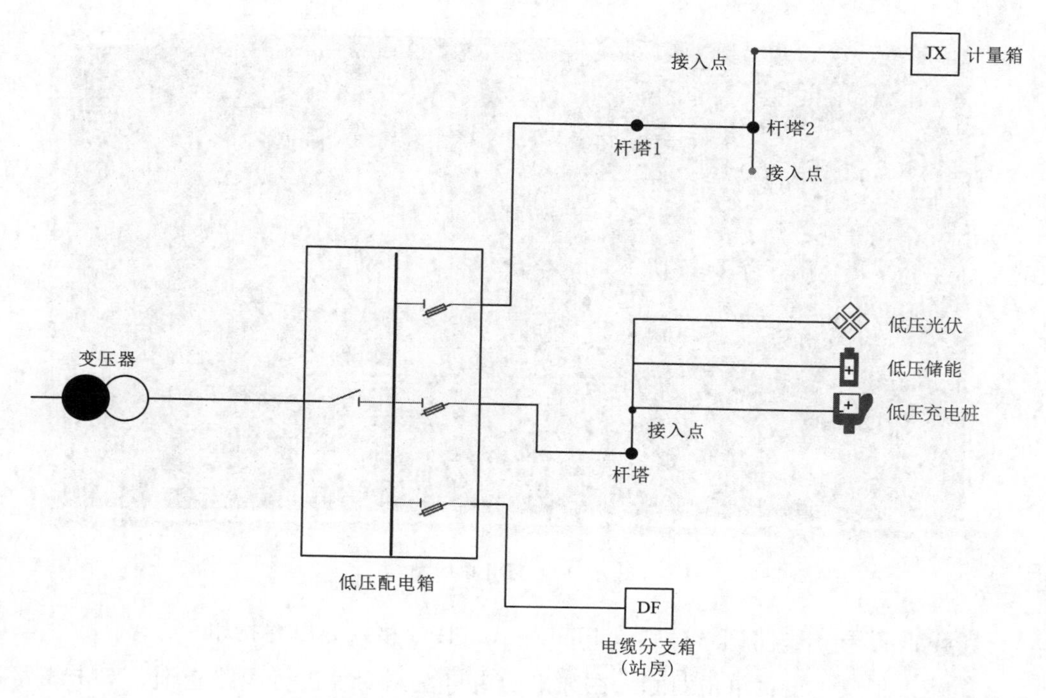

图 3-17　台区图

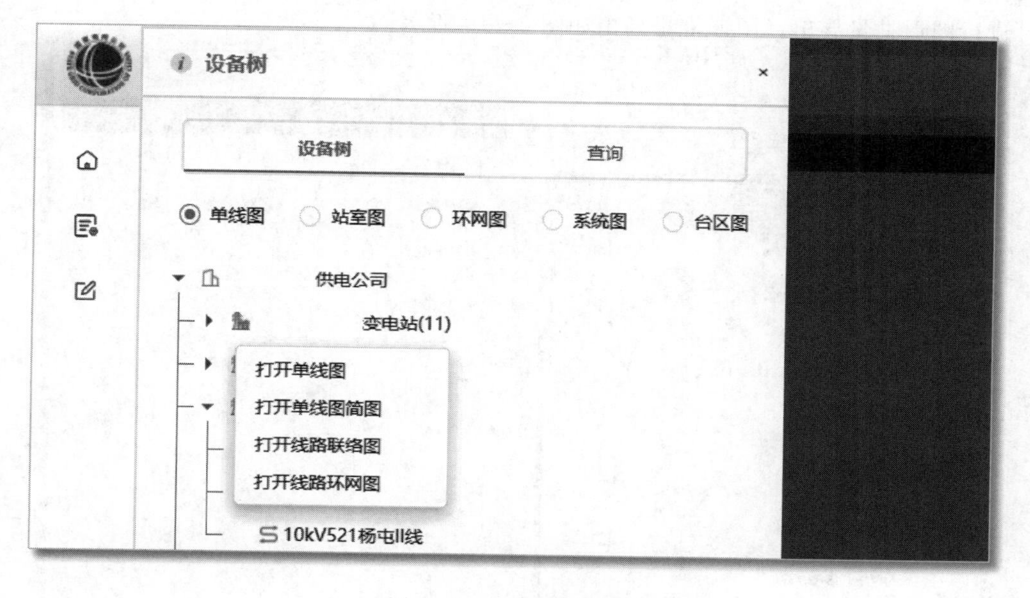

图 3-18　右键功能菜单

放大镜：放大缩小图形，当然该功能也可通过滚动鼠标滑轮实现。

全景：点击该按钮会将线路图形缩放到全景展示。

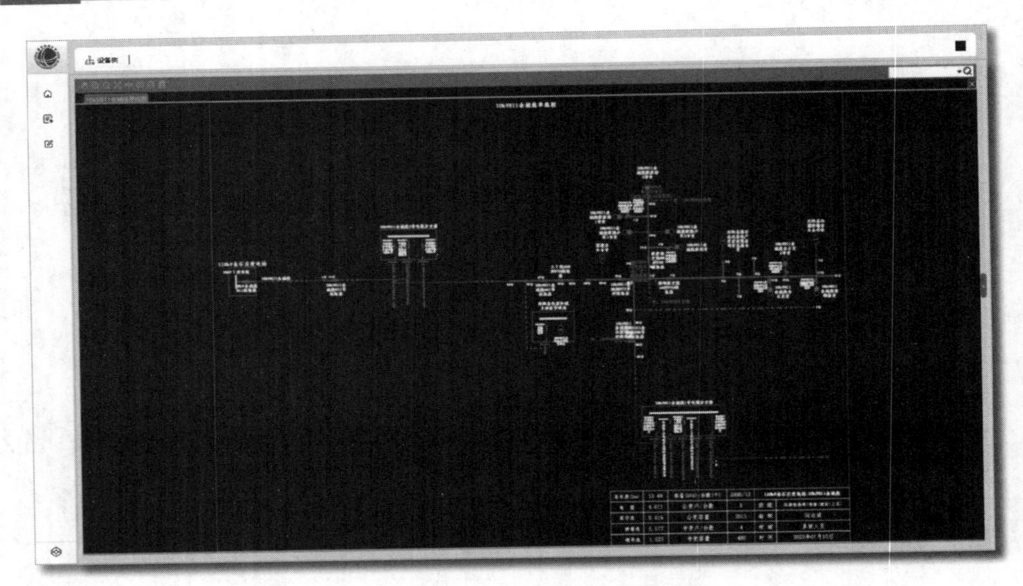

图 3－19　打开单线图

图形导出：将图形分别以 PDF 格式、JPG 格式导出并打印。

图形批量导出：单击图标，在弹出的窗口左侧列表进行线路查询，双击线路名称可以将线路添加到右侧列表，在添加完成后，点击下方按钮选择导出形式，即可进行图形批量导出，图形批量导出如图 3－20 所示。

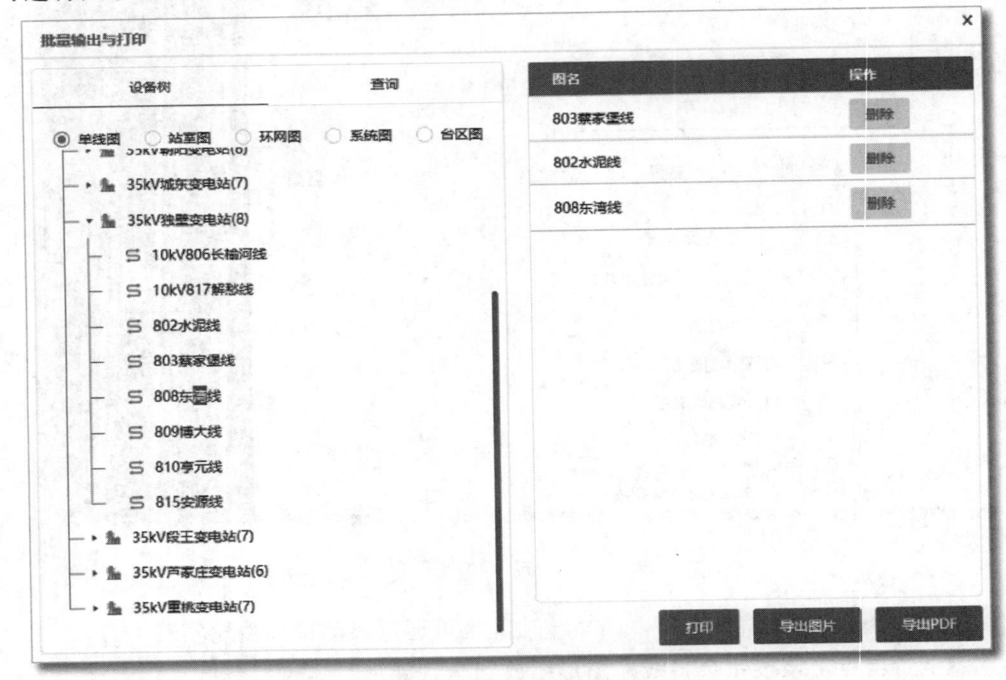

图 3－20　图形批量导出

3.5.7 查找

专题图浏览页面同样具备查找和查看设备属性的功能。在右上角搜索框中输入设备名称，高亮显示之后，右键点击设备选择“设备属性”，就可以在右侧列表查看设备的具体属性，搜索框如图 3－21 所示。也可以在图中直接选择设备后，点击鼠标右键直接选择“设备属性”查看。单击列表左侧小箭头可以将该列表隐藏。

图 3－21 搜索框

提示：浏览状态下，专题图只能查看，不能编辑。

3.6 专题图调图

若需要对专题图进行调整，则需要启动调图流程。启用调图流程有两种方法：一种是在客户端进行图形编辑的操作后，在网页端进行专题图的调整和审核；另一种是在网页端中直接新建调图任务。

进入调图流程后，专题图只能进行微调。因此在专题图调图之前，用户需要在“县局成图配置中”设置好需要调图的样式。

接下来将介绍如何在网页端中启用专题图调图流程。

3.6.1 新建流程

步骤 1：新建调图任务。任务界面点击“新增”按钮，弹出调图申请界面，下方的流程指示器可以直观展示操作步骤。

在调图申请界面将任务名称、任务来源和变更信息填写完整，设备变更清单如图 3－22 所示。之后点击“保存”按钮后再点击“发送”，进入下一步。

步骤 2：专题图维护。在“选择人员”环节，选择有权限的人员后，点击确认。这时任务界面已经显示新建的调图任务。点击新建的任务，再点击右上角“专题图维护”进入下一步，专题图维护如图 3－23 所示；点击“回退”则退至“待提交”环节。

图 3-22　设备变更清单

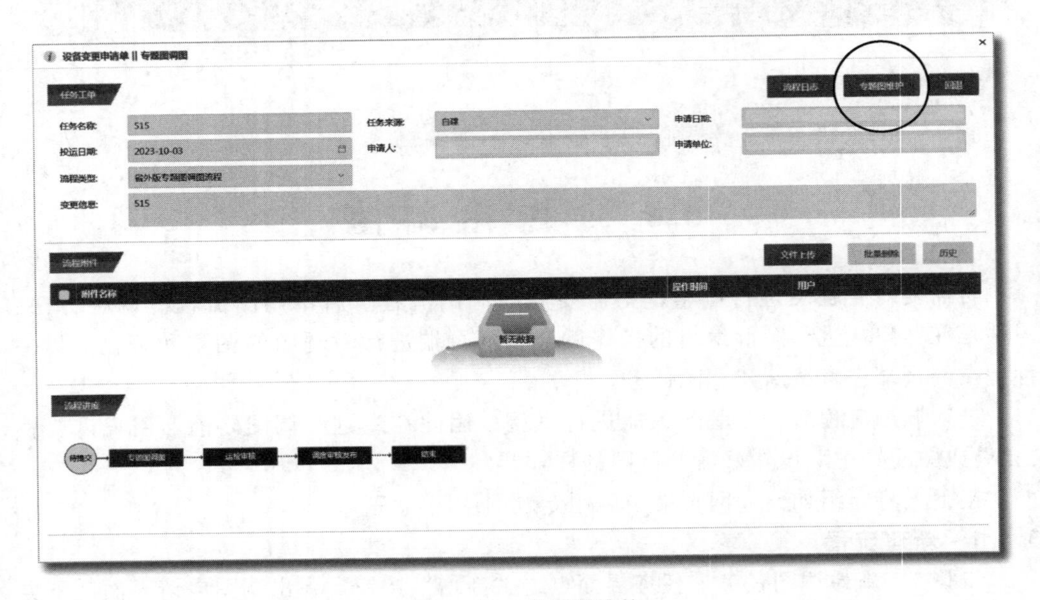

图 3-23　专题图维护

步骤 3：新增专题图。点击“专题图维护”后，弹出“专题图调整”界面，点击右下角“新增”按钮，新增专题图如图 3-24 所示。

3.6.2　专题图维护

进入专题图维护界面后，专题图展示界面上方为菜单栏，菜单栏下方为工具栏，专题图展示界面如图 3-25 所示。

设备树：从设备树中选择专题图，可以进行查询。

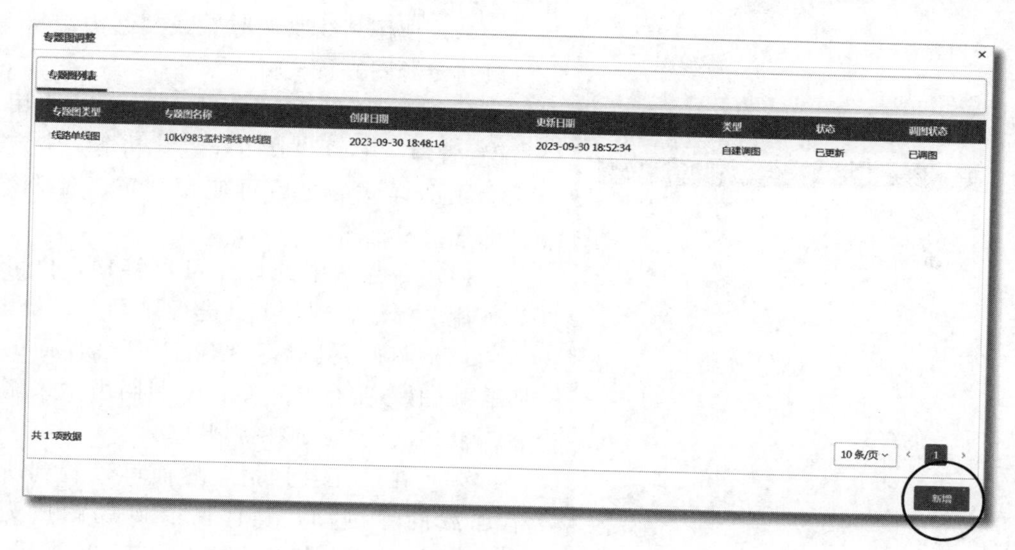

图 3－24 新增专题图

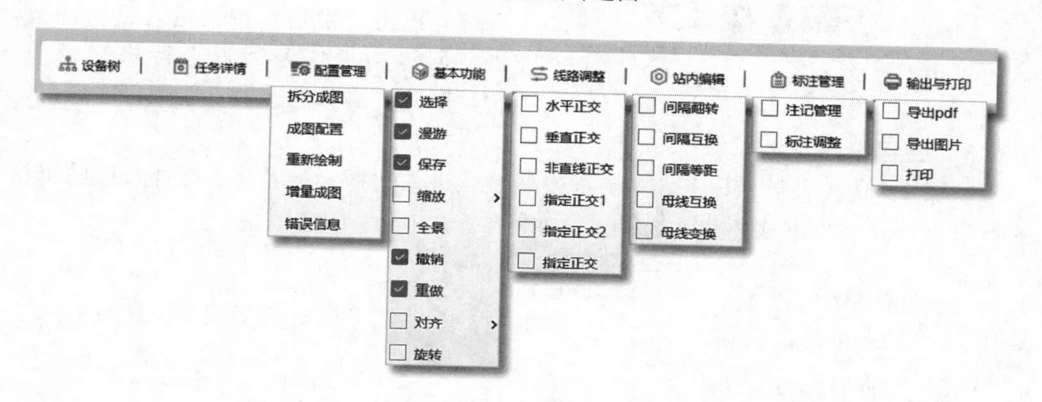

图 3－25 专题图展示界面

任务详情：在这里可以看到所选择的专题图，确保将每一张图的状态变为“已调图”后才能进行后续操作。

配置管理：进行拆分成图、重新绘制等操作。

基本功能：提供选择、漫游、放大缩小等操作，点击复选框可以将该功能移至工具栏。

线路调整：对专题图进行微调的工具。

站内编辑：对站房设备内部的间隔进行编辑。

标注管理：对专题图上的标注进行管理。

输出与打印：将主题图导出为PDF或JPG格式或直接打印。

专题图维护步骤操作如下：

（1）在设备树中选择一张或多张专题图，可以使用“基本功能”中的漫游、放大缩小等工具来浏览专题图。

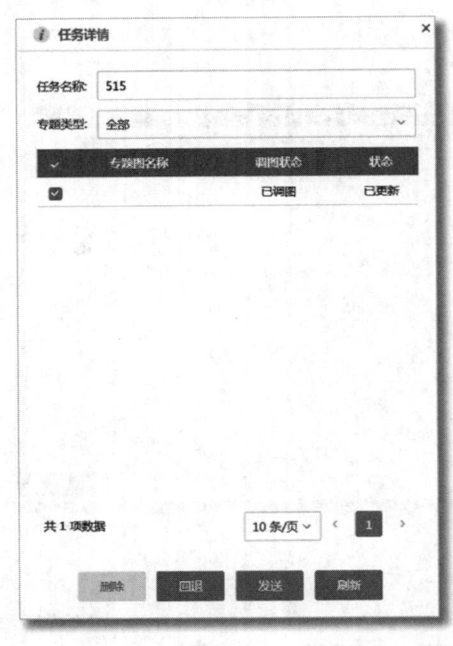

图3-26　任务详情

(2) 使用“线路调整”或“站内编辑”工具对专题图进行编辑。

(3) 若需要微调专题图，可以使用“配置管理”中的“成图配置”功能，自定义专题图样式，之后再使用“重新绘制”功能重绘专题图。

(4) 专题图中的标注可以移动，也可以使用“标注管理”工具进行管理。

(5) 调整完毕后，点击工具栏界面的保存按钮保存专题图，专题图由“未调图”状态变为“已调图”状态。

(6) 在“任务详情”界面可以看到所有加载的专题图，确保所有专题图成为“已调图”状态，任务详情如图3-26所示。

(7) 点击“发送”按钮进入下一环节，点击“回退”将任务回退至待提交环节，点击“删除”删除框选的专题图。

3.6.3　流程归档

步骤1：选择人员。任务详情界面发送后，进入选择人员界面，选择合适的审核人员后，进入运检审核环节，选择人员如图3-27所示。

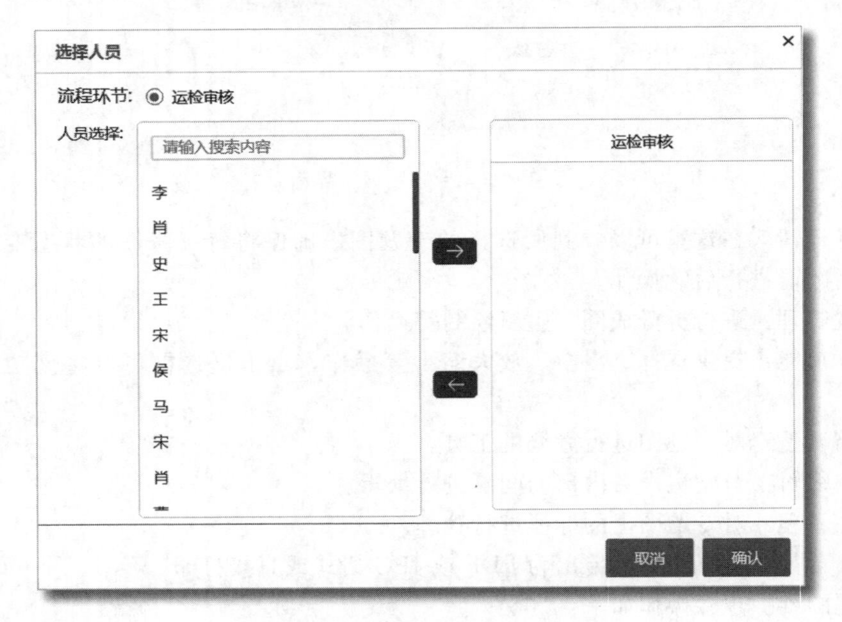

图3-27　选择人员

步骤 2：图数对比。点击右上角“图数对比”按钮，弹出图数对比界面，图数对比如图 3-28 所示。系统会自动对比调图前后专题图的差异，并用高对比色显示，图数对比如图 3-29 所示。

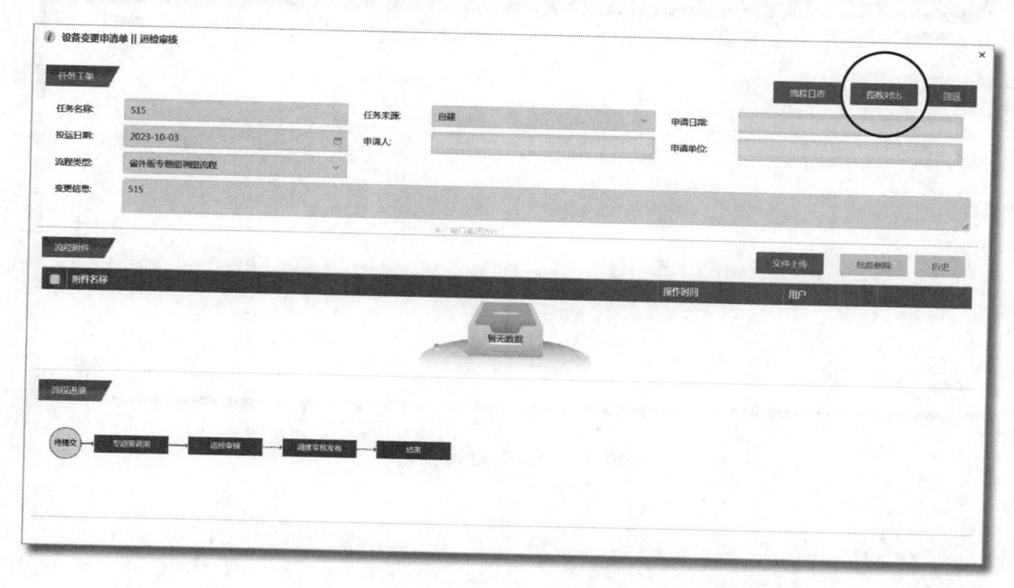

图 3-28　图数对比

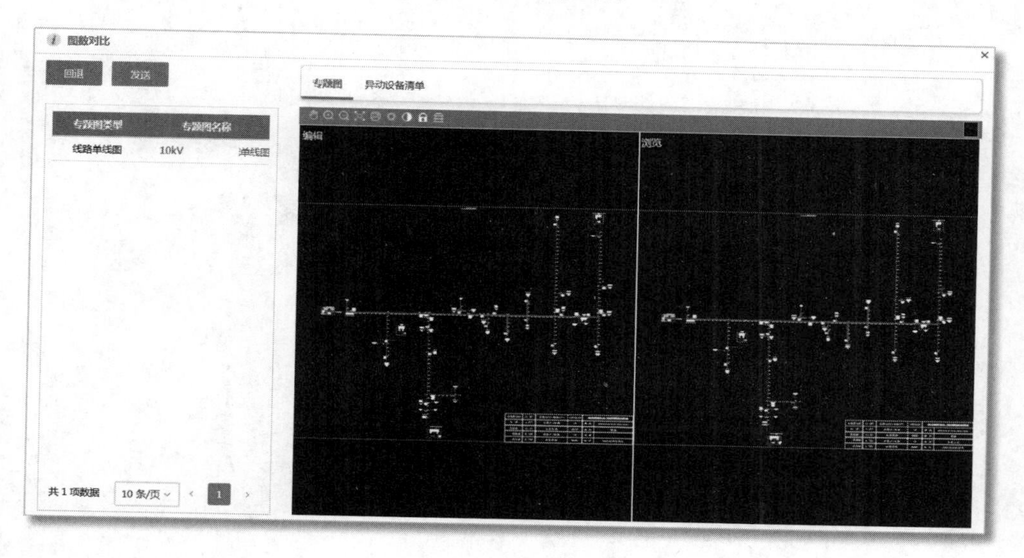

图 3-29　图数对比界面

点击“发送”后进入专题图推送环节。

步骤 3：专题图推送。再次进入图数对比界面，点击“推送”按钮，弹出推送界面。勾选需要推送至I区的专题图，点击“推送选中”按钮完成推送，专题图推送如图 3-30 所示。之后返回图数对比界面，点击“发布”按钮，专题图调图流程结束。

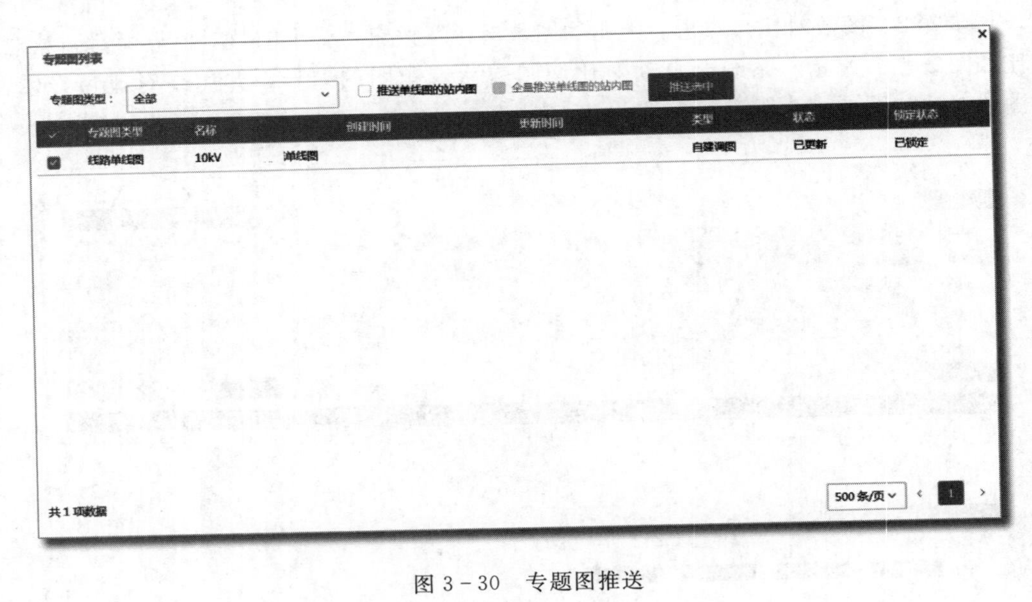
专题图列表
专题图类型：
全部
推送单线图的站内图
全量推送单线图的站内图
推送选中
专题图类型
名称
创建时间
更新时间
类型
状态
锁定状态
线路单线图
10kV
单线图
自建调图
已更新
已锁定
共 1 项数据
500 条/页
1

图 3-30　专题图推送

第4章　线　路　设　备

本章将介绍如何在同源中新建异动流程，以及在异动流程中新增、维护线路设备等。

4.1　异　动　流　程

异动流程：用户对电网设备做出新增、删除或移动等操作的行为后，使电网设备产生了“差异性”的过程。在异动流程之外，用户只能对图形进行浏览和简单的操作。若要新建图形和修改台账信息，必须新建异动流程。

4.1.1　新建异动流程

步骤1：点击菜单栏“异动流程”板块下的“异动流程”按钮，进入异动管理界面，异动管理界面如图4-1所示。

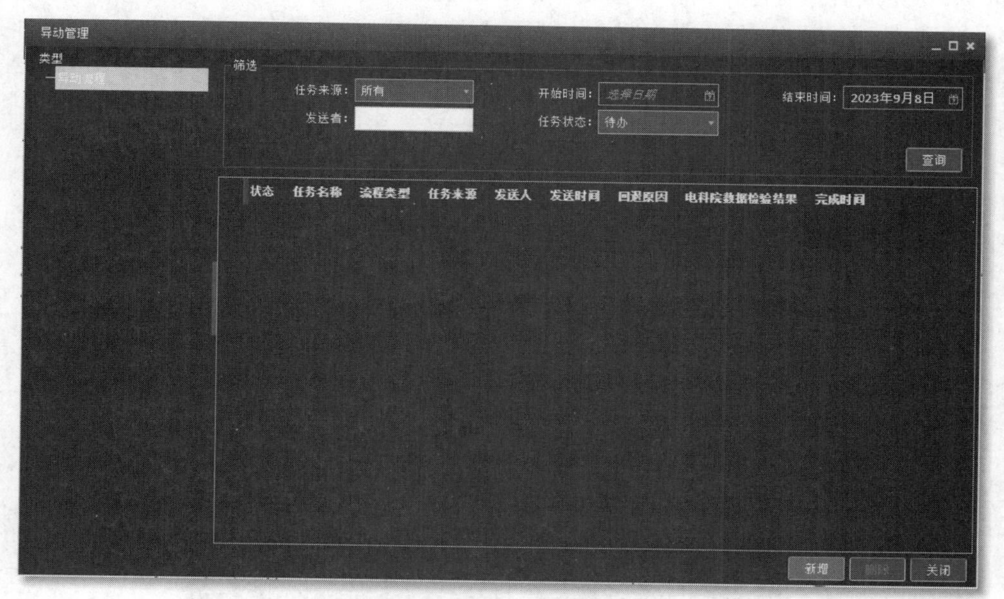

图4-1　异动管理界面

步骤2：点击右下角“新增”按钮，进入设备变更申请新建页面，设备变更申请如图4-2所示。最下方的流程指示器会做出反应：蓝色表示已完成，绿色表示正在进行，红色表示回退。

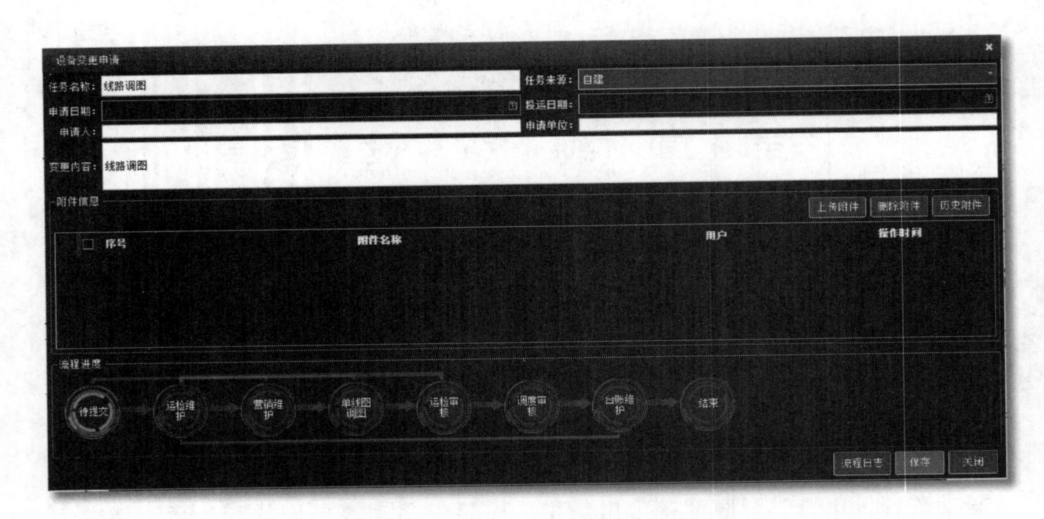

图 4－2　设备变更申请

用户需填写“任务名称”“任务来源”和“变更内容”。任务名称要简明扼要，不能与现有任务的名称重复，且不能带有特殊字符；任务来源选择“自建”；变更内容描述要清晰准确，必要时需上传附件。

填写完成后，点击“保存”按钮，异动任务进入“选择人员”流程。

步骤 3：进入“选择人员”界面，选择人员如图 4－3 所示。不同的人员有不同的权限，若需要维护公用线路与公用变压器，请选择运检维护；若需要维护专用线路与专用变压器，请选择营销维护。

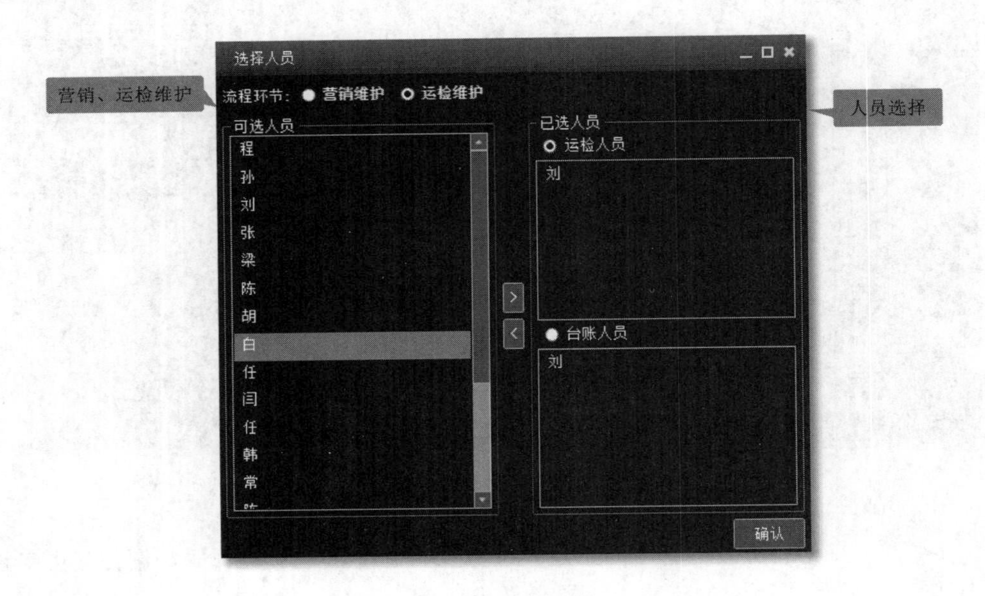

图 4－3　选择人员

步骤 4：根据权限分配情况，选择好“图形维护”和“台账维护”的维护人员后，点击“确认”按钮，异动流程已经新建完毕，会显示在异动管理界面，维护如图 4－4 所示。在异动管理界面双击此异动流程，点击右下角“维护”按钮，该异动任务进入“运检/营销维护”环节。

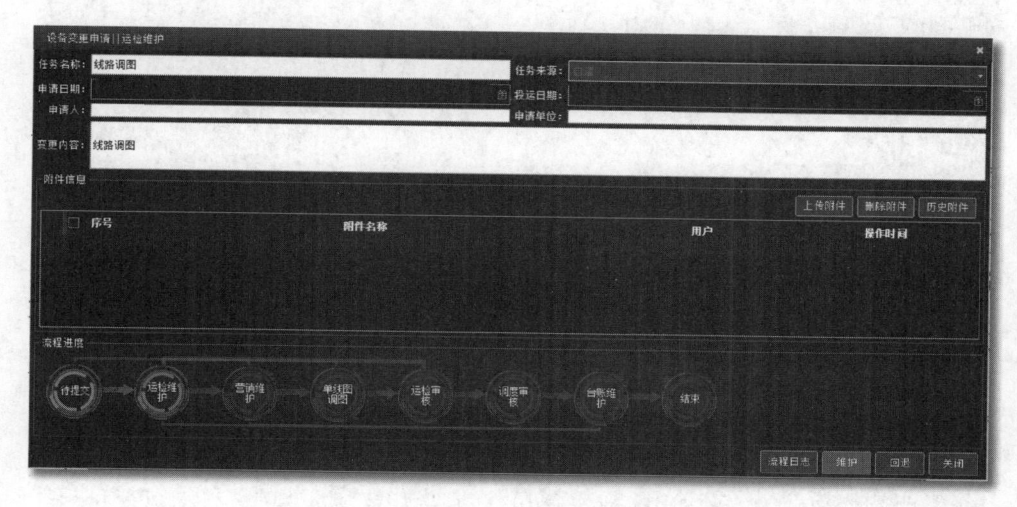

图 4－4　维护

4.1.2　回退异动流程

若需要对任务内容进行回退，进入设备变更申请页面后，点击右下角“回退”按钮，填写具体的原因后，流程将回退至“待提交”环节，回退异动流程如图 4－5 所示。

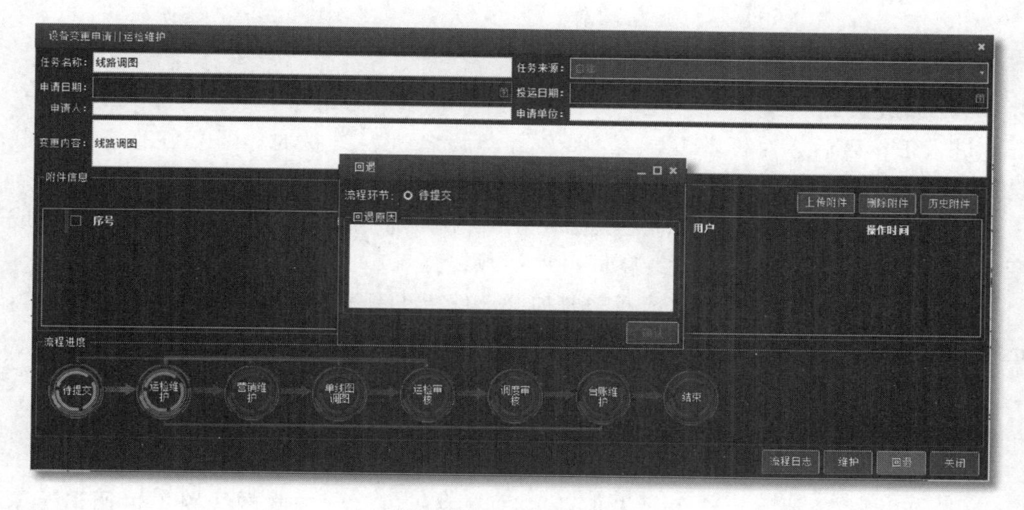

图 4－5　回退异动流程

注意：回退异动流程后，在异动流程内进行的所有改动将不复存在。请谨慎回退！

4.1.3　删除异动流程

对于“待提交”环节的移动流程，点击异动管理界面“删除”按钮，可将回退的任务删除，删除异动流程如图 4-6 所示。

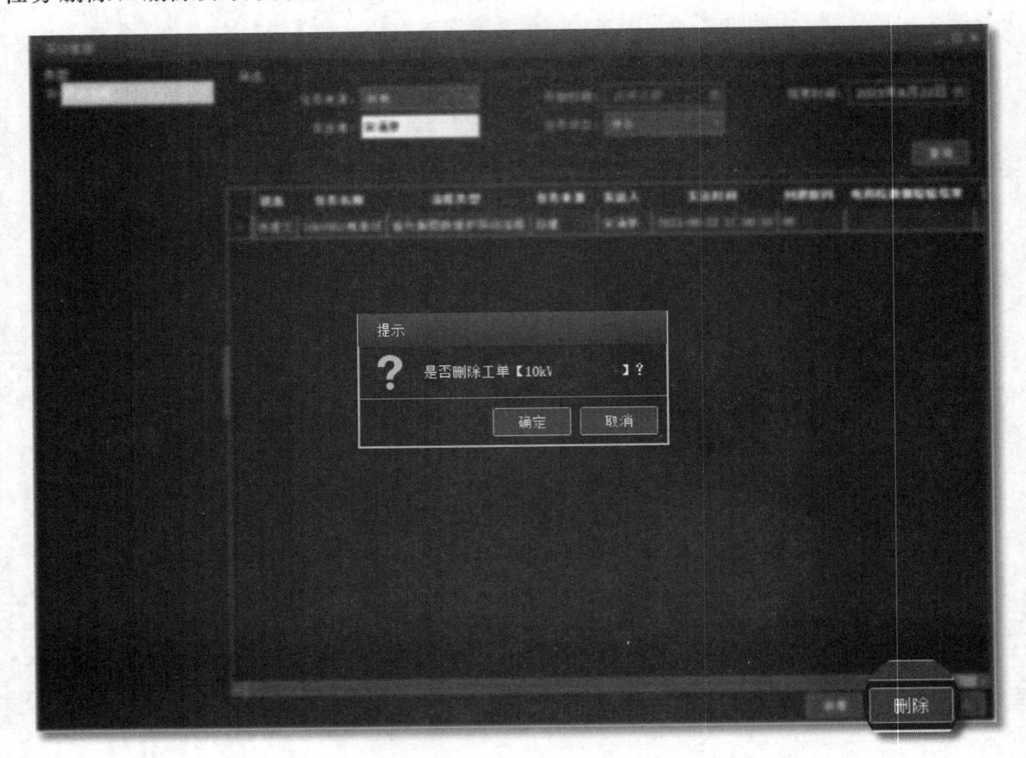

图 4-6　删除异动流程

4.1.4　加载线路

进入工作区后，对杆塔、导线、变压器等设备进行维护时，需要在任务中加载设备所在的线路，具体有以下加载线路的方法：

方法一：在“选择人员”流程之后，会弹出“加载线路”界面，可以按线路或变电站分类，搜索需要加载的线路即可，加载线路（1）如图 4-7 所示。

方法二：进入工作区后，选择需要加载馈线上的任意设备，右键调出功能菜单，选择“加载线路”即可，加载线路（2）如图 4-8 所示。

方法三：进入异动流程后，在工作区点击“加载线路”按钮也可以弹出加载线路界面，加载线路（3）如图 4-9 所示。

提示：

（1）已加载的线路为红色，未加载的线路为灰色。已加载的线路不可回退至未加载状态。

（2）一个异动流程可以加载多条线路。为了不影响他人的异动流程，建议每个异动流程中仅加载需要的线路。

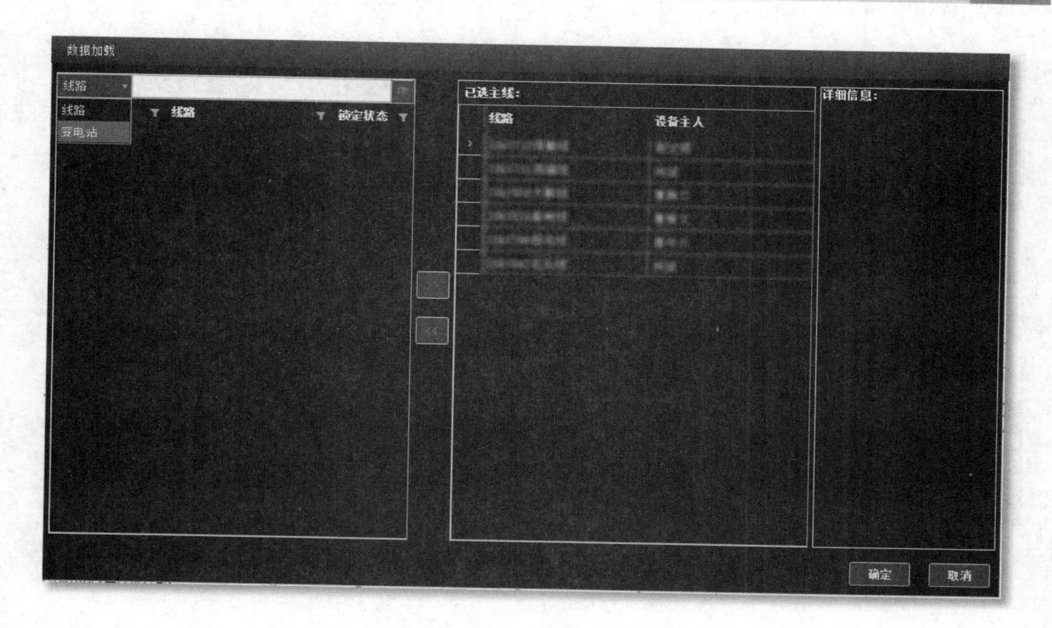

图 4-7　加载线路（1）

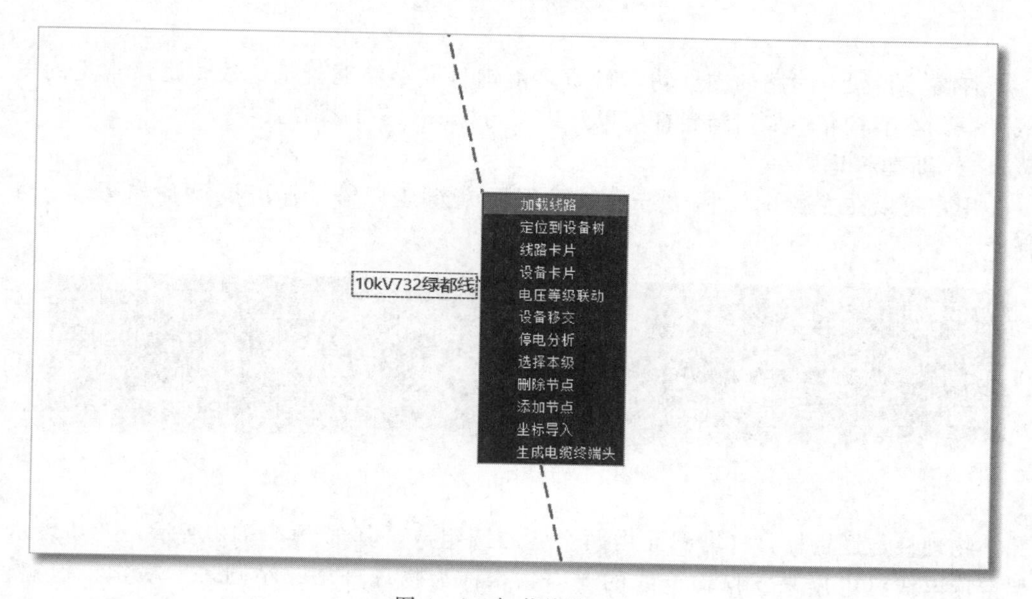

图 4-8　加载线路（2）

注意：一个异动流程可以加载多条线路，但一条线路仅能在一个流程中被加载。若此线路已被其他流程加载，则会锁定不能再次进行加载，强行加载可能会导致其他任务中的维护数据丢失。

4.1.5　退出异动流程

进入异动流程后，点击工具栏上的“退出异动”按钮可以退出当前异动，进入

图 4-9　加载线路（3）

浏览模式。退出后，异动流程内的改动并不会消失，可以再次进入流程内编辑，退出异动流程如图 4-10 所示。

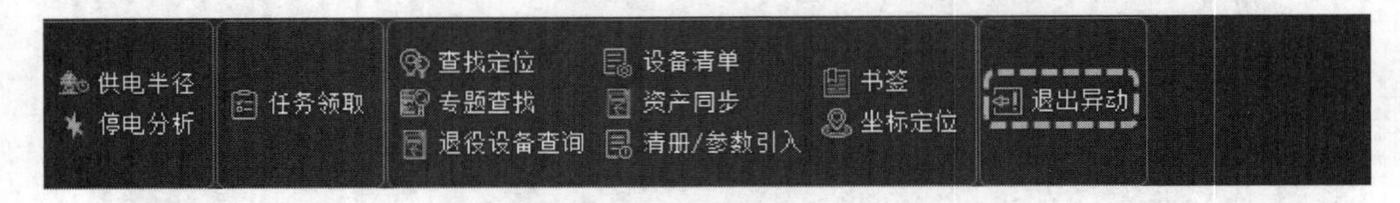

图 4-10　退出异动流程

4.2　杆　　塔

杆塔：是架空线路的支撑物，材质多由钢材或钢筋混凝土建成，是最常见的电气设备。本节将介绍如何新建杆塔以及讲解与杆塔有关的操作。

4.2.1　新建杆塔

用户可以在左侧图元栏中选择杆塔图元来新建杆塔，杆塔类设备如图 4-11 所示。

图 4-11　杆塔类设备

物理杆与逻辑杆：杆塔图元由两个同心圆组成，其如图 4-12 所示。大圆表示架空输电线路中用来支撑输电线的支撑物，称为物理杆塔；小圆表示横担、抱箍、拉杆等附件，称为逻辑杆塔，也叫杆位，物理杆塔与逻辑杆塔如图 4-13 所示。在同源中，物理杆和逻辑杆必须同时存在。

选择杆塔图元后，鼠标会变成图元的形状。将鼠标移至架空线路两杆塔中间的线挡处，点击鼠标左键，弹出杆塔命名界面。命名完成后，点击“确定”，完成新杆塔的绘制，新建杆塔如图 4-14 所示。

但使用此方法时，每次只能插入一基杆塔，效率较低。下面将介绍如何批量新建杆塔。

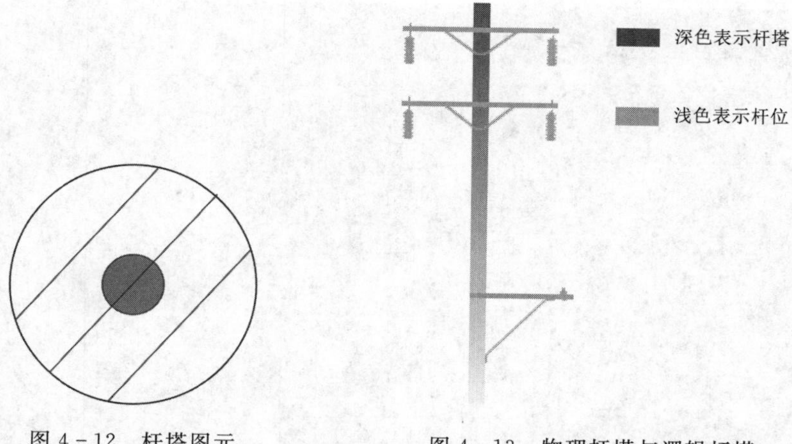

图 4-12 杆塔图元

图 4-13 物理杆塔与逻辑杆塔

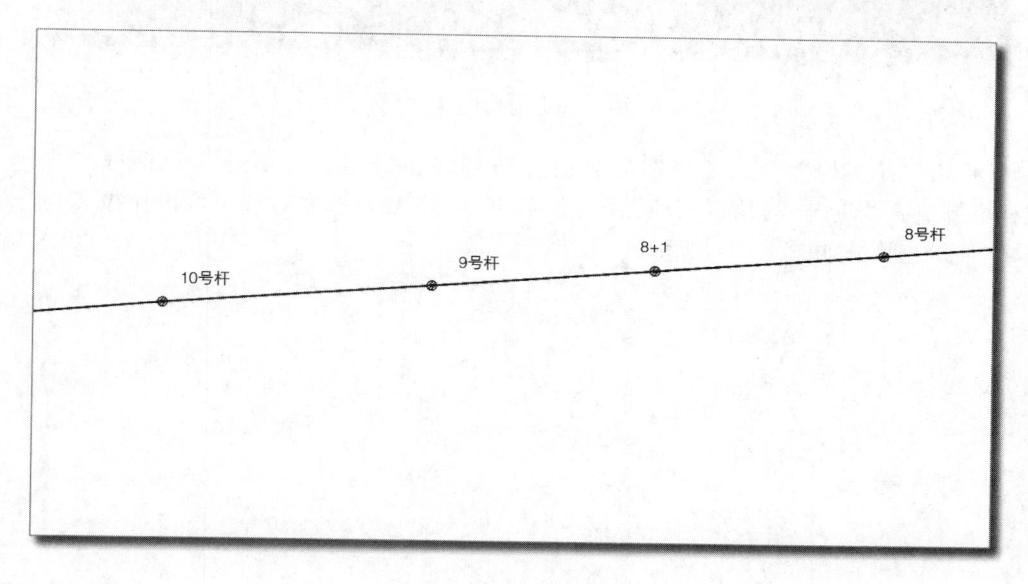

图 4-14 新建杆塔

4.2.2 批量插杆

新建杆塔每次只能绘制一基。若要批量插入数十基或上百基杆塔，可以使用“批量插杆”的方法来实现。具体操作如下：

在地理图中选择需要插入杆塔的线挡，单击“批量杆塔”按钮，弹出批量杆塔插入页面，批量插杆如图 4-15 所示。批量插入杆塔时，会自动获取线挡长度，可自定义插入杆塔的杆号，也可选择插入的线挡是否等分以及挡距数值等。请根据实际需求，添加适当的杆塔数，点击“确定”按钮后完成批量杆塔插入操作。

4.2.3 拉直均分

将弯曲的线路排成一条直线，并且将杆塔均匀排列。操作方法如下：

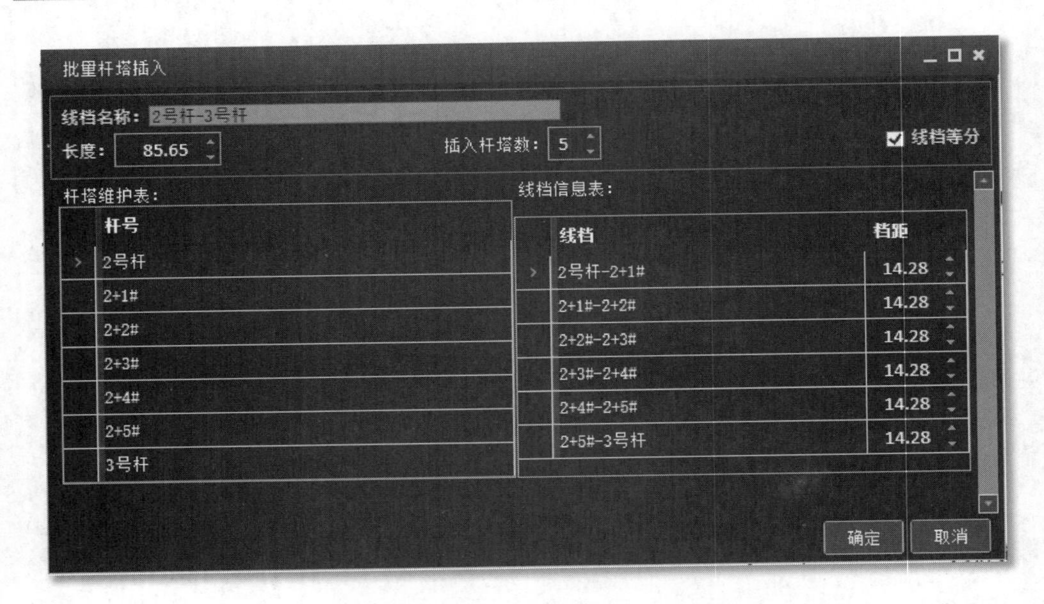

图 4－15　批量插杆

点击“拉直均分”按钮，选择起始杆塔和终止杆塔，弹出选择对话框。选择“杆塔排成直线”与“拉直均分”后点击确定，杆塔按照选项对选中区段作拉直均分操作，拉直均分如图 4－16 所示。

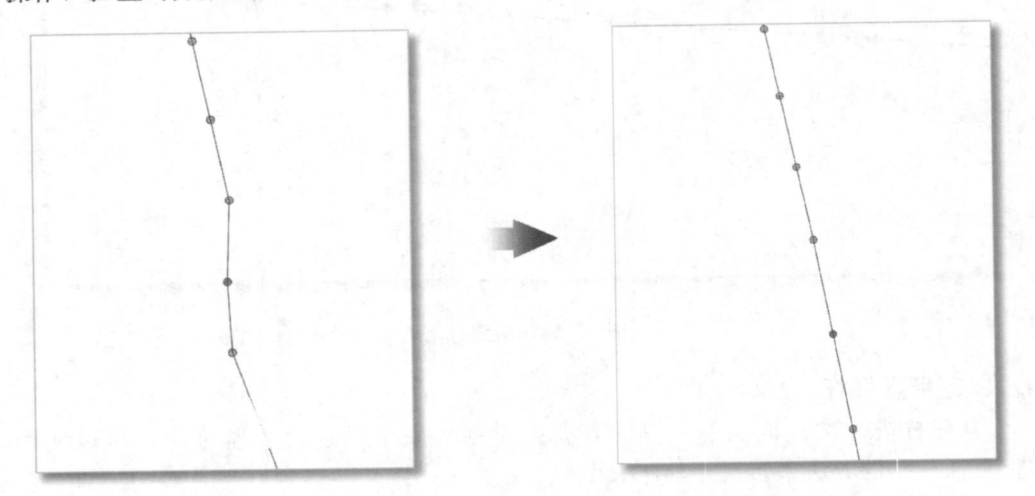

图 4－16　拉直均分

4.2.4　杆号重排

对架空线路中杆塔的杆号重新排列。具体操作如下：

步骤 1：选择需要重新排列杆号的架空线路。点选需要重新排列的起始杆塔，再点选终止杆塔。起始杆塔与终止杆塔需要确保在同一条架空线路上，系统捕捉不到不在同一条架空线路上的杆塔。

步骤 2：选择完成后，弹出杆号重排参数设置对话框。可选择输入杆塔名的前缀和后缀、选择排列的顺序及“开始杆号”值，批量插杆如图 4－17 所示。

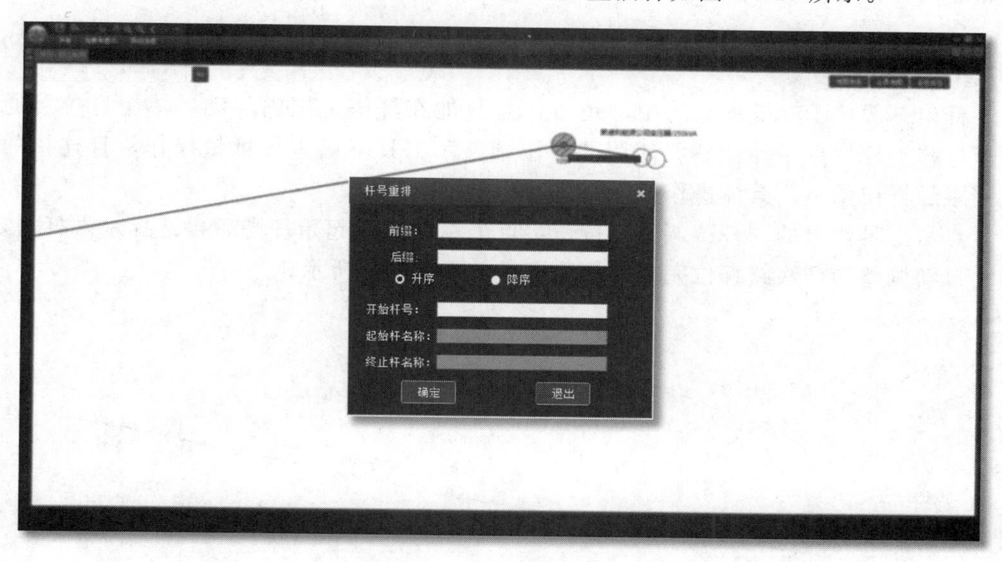

图 4－17　批量插杆

步骤 3：设置完成后，点击“确定”按钮，从起始杆到终止杆的所有杆塔杆号按照设置的参数统一设置完成；点击“退出”按钮关闭界面，不做处理。

注意：使用“杆号重排”功能时，杆塔和架空线的使用性质必须一致（均为公用或专用），线路级别必须一致（位于同一条支线或分支线），否则无法使用该功能。

4.2.5　分杆合杆

合杆：将两个杆塔合并为同杆。合杆必须为两条不同的馈线，同一馈线不能执行合杆操作，合杆操作如图 4－18 所示。

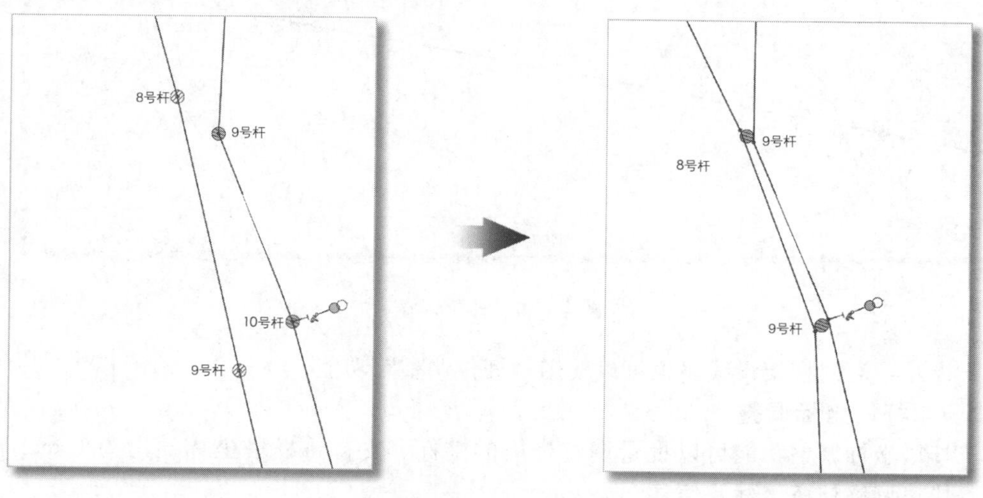

图 4－18　合杆操作

分杆：将同杆的杆塔分离成两个独立的物理杆。分杆后自动选中其中一个杆位，可跟随鼠标移动（动态显示杆塔和两端线路跟随鼠标移动的轨迹），单击鼠标确定杆塔位置。

4.2.6 杆位调整

杆位一般位于杆塔图元的中心位置，且只能在杆塔范围内移动，单个杆位可通过鼠标移动杆位点手动调整。使用“杆位调整”工具可以进行批量操作，且连接的线挡跟随杆位调整。具体操作如下：

点击工具栏上的“杆位调整”按钮，点击左键选择起始杆塔后再选择末端杆塔，系统自动调整同杆线路杆位完成，杆位调整如图4-19所示。

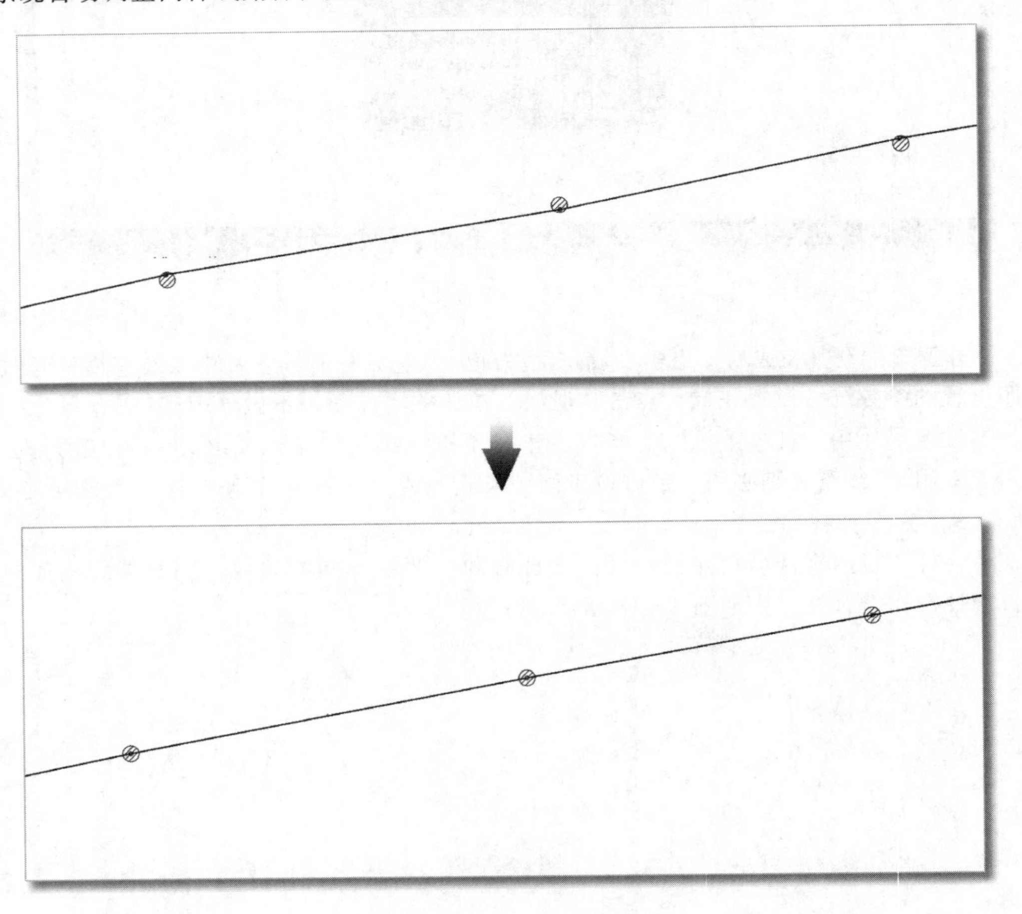

图4-19 杆位调整

提示：对同杆架设线路也可以使用“杆位调整”功能。

4.2.7 杆塔坐标调整

杆塔坐标调整功能可以批量调整杆塔的坐标。支持将杆塔坐标导出为Excel表格，快速调整杆塔坐标及信息。

步骤 1：点击工具栏上的“杆位坐标调整”按钮，选择起始杆塔和终止杆塔，弹出批量杆塔坐标调整界面，如图 4－20 所示。

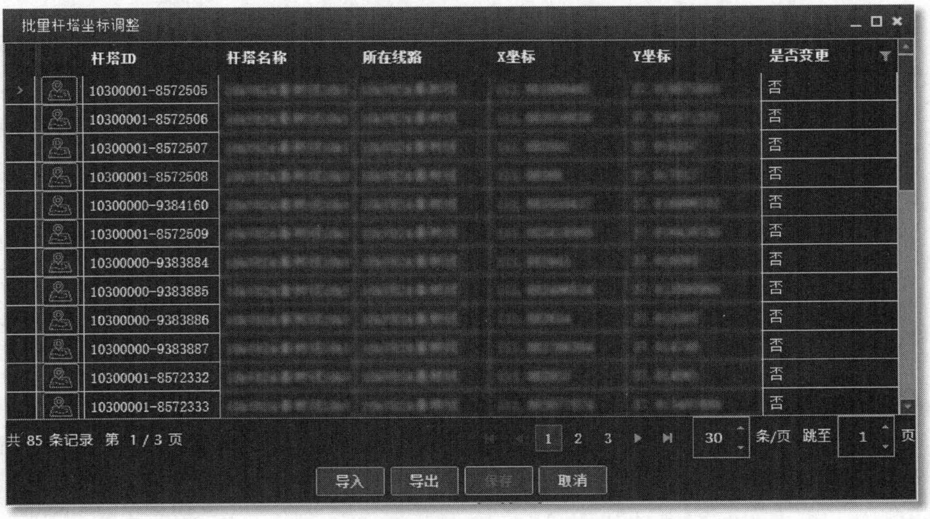

批量杆塔坐标调整

杆塔ID	杆塔名称	所在线路	X坐标	Y坐标	是否变更
10300001-8572505					否
10300001-8572506					否
10300001-8572507					否
10300001-8572508					否
10300000-9384160					否
10300001-8572509					否
10300000-9383884					否
10300000-9383885					否
10300000-9383886					否
10300000-9383887					否
10300001-8572332					否
10300001-8572333					否

共 85 条记录　第 1 / 3 页　1　2　3　30　条/页　跳至　1　页

导入　导出　保存　取消

图 4－20　批量杆塔坐标调整

步骤 2：点击“导出”按钮可以导出为 Excel 表格。在表格中，坐标保留小数点后九位小数，位数不足自动补零，修改时尽量只修改“X 坐标”和“Y 坐标”两列，防止因修改其他数据而导致无法导入。

步骤 3：在 Excel 表格中修改完成后，点击“导入”按钮，即可将修改后的坐标导入。更改后的坐标显示为红色字体，点击“保存”按钮，杆塔坐标修改完成，导入坐标如图 4－21 所示。

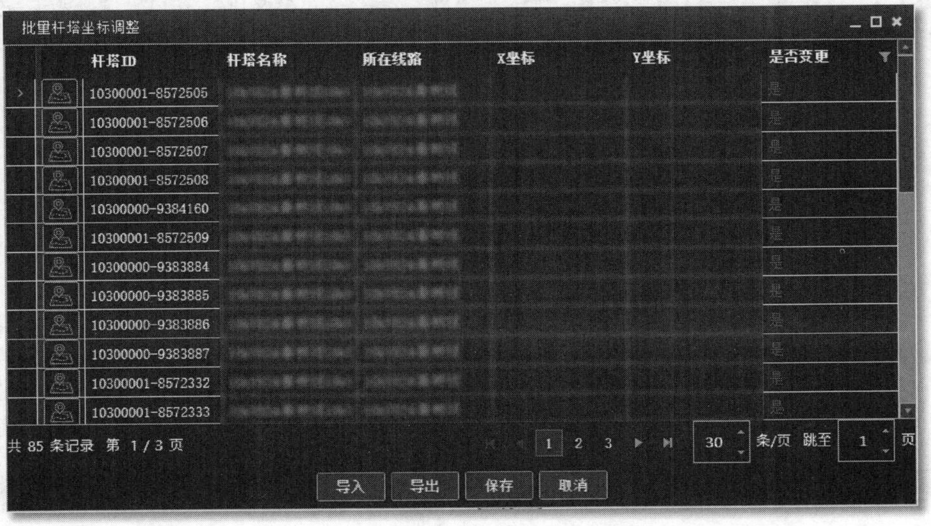

批量杆塔坐标调整

杆塔ID	杆塔名称	所在线路	X坐标	Y坐标	是否变更
10300001-8572505					是
10300001-8572506					是
10300001-8572507					是
10300001-8572508					是
10300000-9384160					是
10300001-8572509					是
10300000-9383884					是
10300000-9383885					是
10300000-9383886					是
10300000-9383887					是
10300001-8572332					是
10300001-8572333					是

共 85 条记录　第 1 / 3 页　1　2　3　30　条/页　跳至　1　页

导入　导出　保存　取消

图 4－21　导入坐标

4.3　新建架空线路

按导线用途分类，配电线路可分为架空线路、电缆线路和混合线路。架空线路凭借其造价低、施工方便、易于维修等特点受到人们青睐。

但是，“新建杆塔”功能无法新建架空线路，且杆塔维护功能只能在已有线路上进行操作。若需要新建架空线路，则必须使用与新建架空线路相关的功能。

4.3.1　新建架空主干线

馈线：由电源母线分配出去的配电线路，直接到负荷的负荷线。

主干线、主线与支线：若将一条馈线比作一棵大树，那么主干线相当于“树干”，主线相当于“树枝”，支线就是从树枝上长出来的“树叶”。一条配网馈线不可能凭空产生，它必定也有自己的“根”，而这个根就是“变电站”。

因此在新建一条馈线以前，首先确保变电站内该馈线的出线间隔存在，杆塔坐标、导线型号、线路走向等材料清楚准确，其次经过相关人员审核无误后，最后方可执行后续步骤。

步骤1：点击工具栏上的“新建架空线路”按钮，导入坐标如图4-22所示。

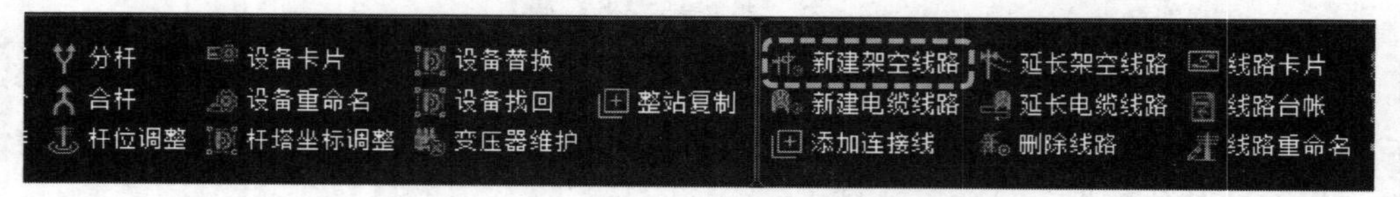

图4-22　导入坐标

步骤2：找到需要新建线路的变电站，移动鼠标箭头至变电站附近，鼠标会自动吸附变电站边缘且变成红色小点，导入坐标如图4-23所示。此时点击鼠标左键，

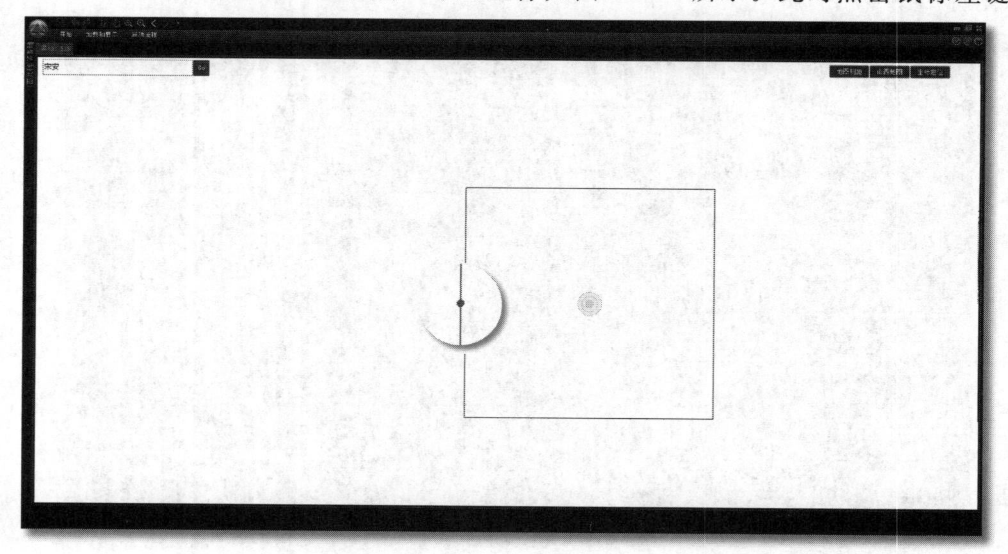

图4-23　导入坐标

会弹出“架空线路维护”界面，将线路名称、出线间隔、出线点等必填信息补充完整，新建架空线路如图 4-24 所示。

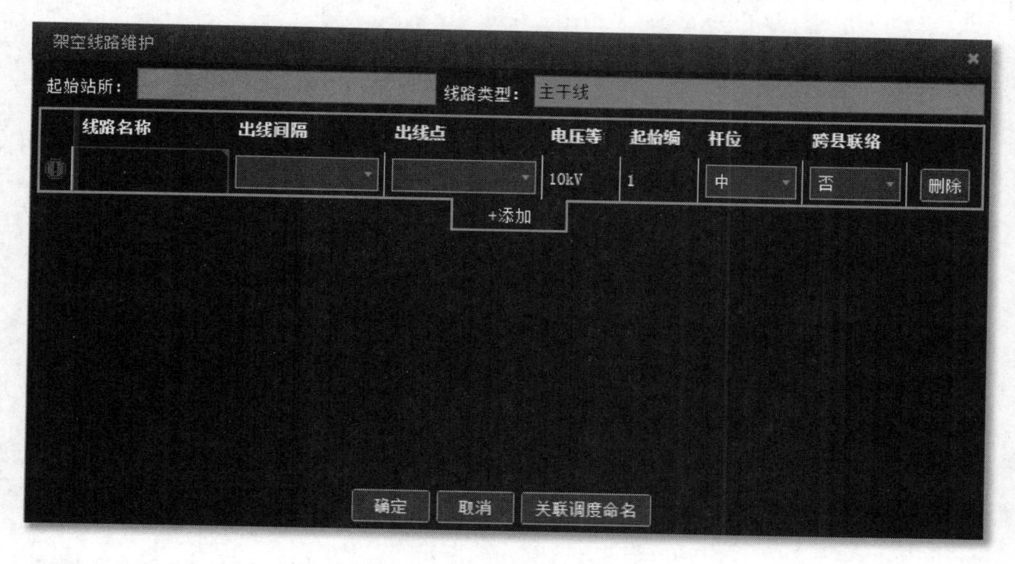

图 4-24　新建架空线路

步骤 3：单击“确定”按钮后进入绘制阶段。此时可以利用工作区的“坐标定位”功能，确定每个杆塔的位置，架空线路绘制如图 4-25 所示。

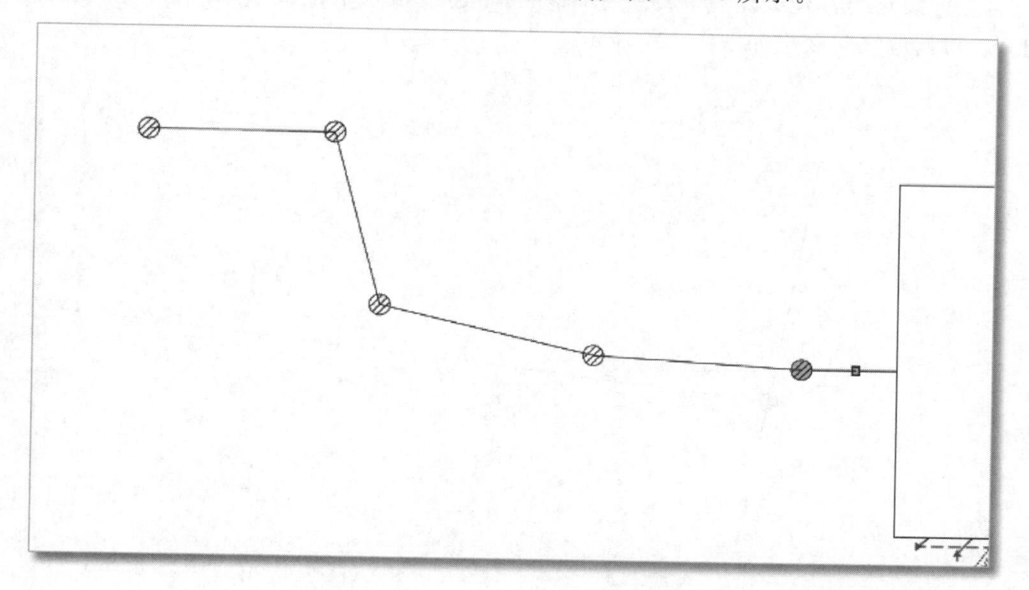

图 4-25　架空线路绘制

若主干线线路较长且杆塔较多，可以利用“批量插杆＋杆塔坐标调整＋杆号重排”三种组合功能，快速绘制。

步骤4：完成绘制。完成绘制有两种情况：若此线路与其他线路无联络关系，单击右键弹出操作功能菜单，点击“完成”结束绘制，完成绘制如图4-26所示。

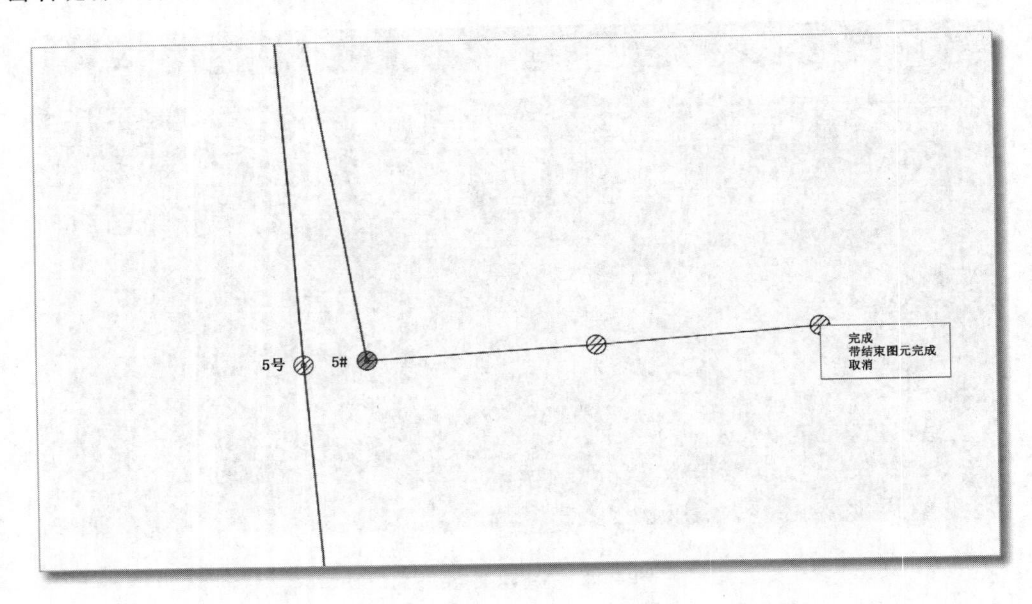

图4-26　完成绘制

若此线路与其他线路有联络关系，将线路连接至联络位置结束（必须点到杆位上）。与其他线路联络如图4-27所示。

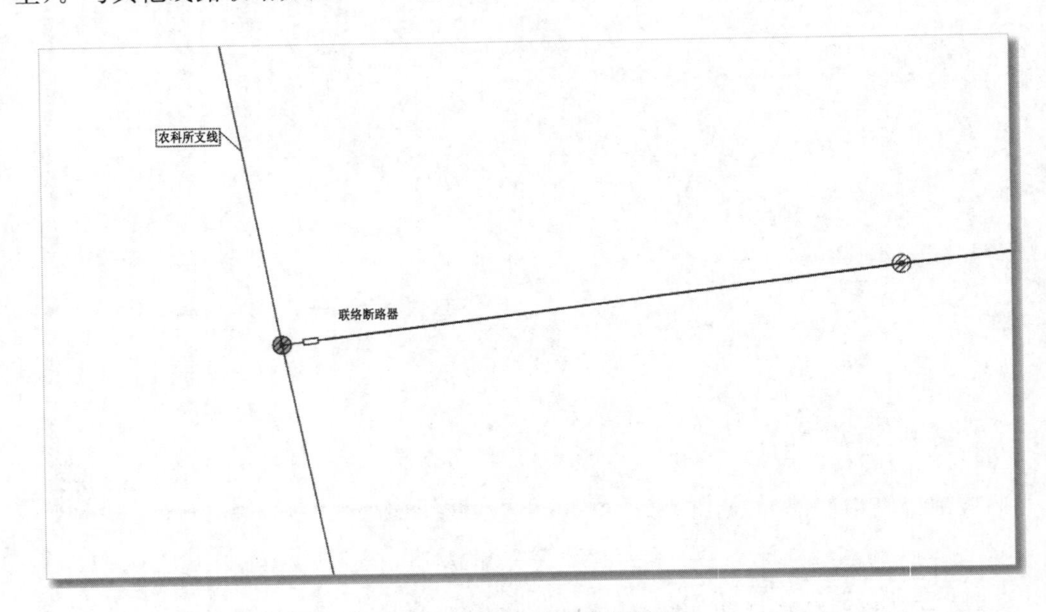

图4-27　与其他线路联络

4.3.2　新建同杆架设线路

同杆架设：两条或两条以上的线路架设在同基电杆上的简称。现有两种新建同杆架设线路的方法。

方法一：在新建主干线时，通过点击“添加”按钮建立多回路架空线，最多支持四回，新建同杆架设线路如图 4 - 28 所示。

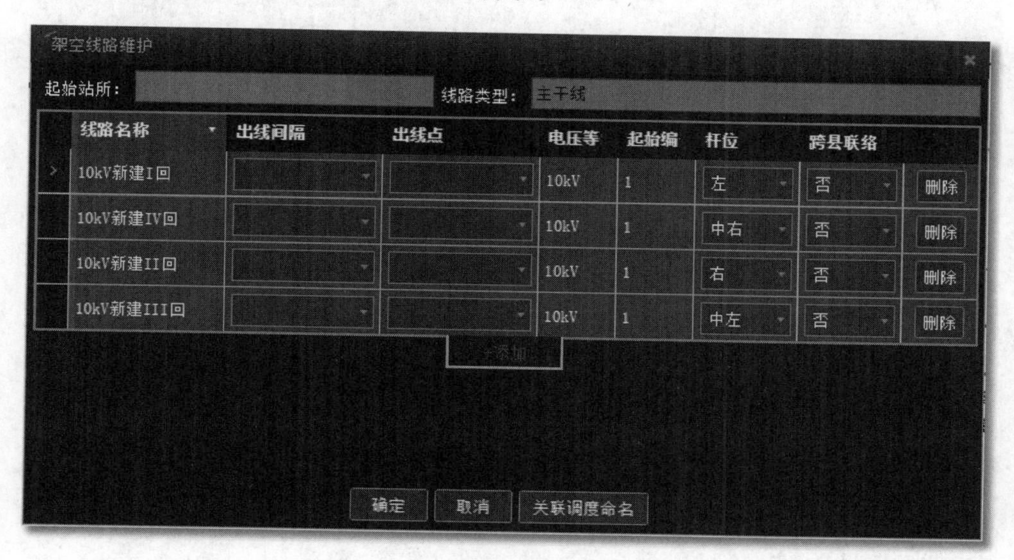

图 4 - 28　新建同杆架设线路

方法二：利用“分杆合杆”功能。点击“开始”下方“合杆”按钮，即可将多条线路合并为同杆架设线路；再点击“分杆”按钮，即可将同杆架设的线路重新拆分为独立架设。

4.3.3　新建主线

步骤 1：点击菜单栏“开始”下方“新建架空线路”按钮。

步骤 2：找到需要新建主线的杆塔，移动鼠标箭头到杆塔中心，如果捕捉到可出线路的位置，图形上就会出现一个红色小点“●”，此时点击左键，弹出“架空线路维护”界面，新建主线如图 4 - 29 所示。

步骤 3：创建的方式选择“新建主线”，将必要信息填写完整即可。

此后的绘制流程同“新建主干线”。

4.3.4　新建支线

步骤 1：点击菜单栏“开始”下方“新建架空线路”按钮。

步骤 2：找到需要新建支线的杆塔，移动鼠标箭头到杆塔中心，如果捕捉到可出线路的位置，图形上就会出现一个红色小点“●”，此时点击左键，弹出“架空线路维护”界面，新建支线如图 4 - 30 所示。

步骤 3：创建的方式选择“新建支线”，将必要信息填写完整即可。

此后的绘制流程同“新建主干线”。

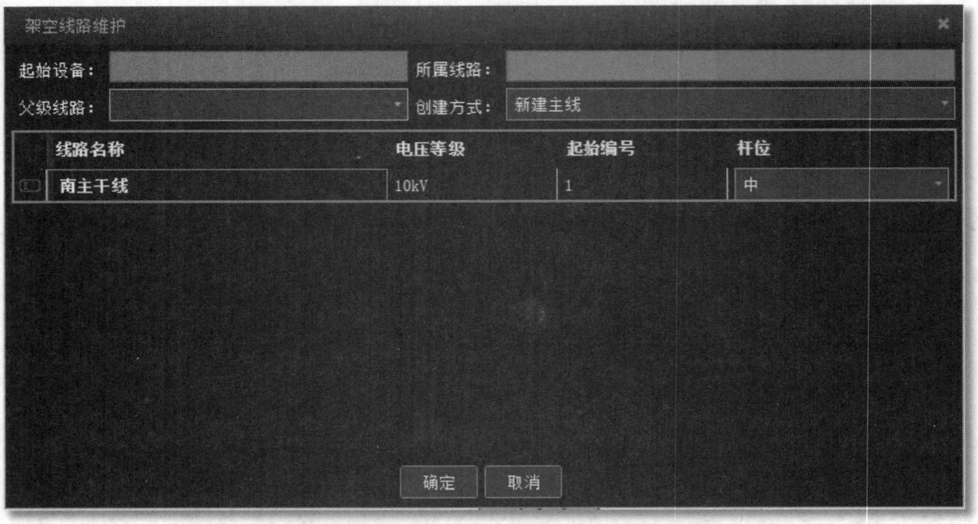

架空线路维护

起始设备： 所属线路：

父级线路： 创建方式： 新建主线

线路名称	电压等级	起始编号	杆位
南主干线	10kV	1	中

确定 取消

图 4-29 架空线路维护—新建主线

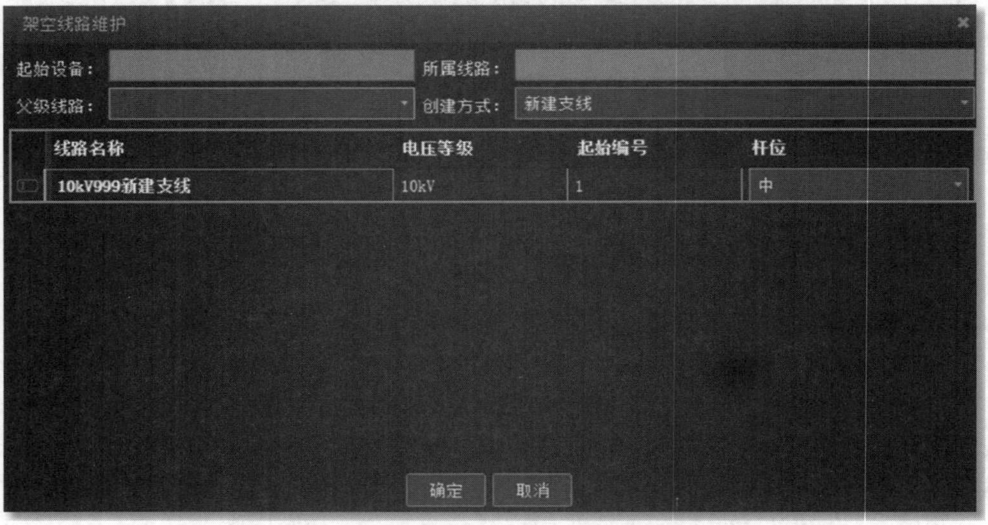

架空线路维护

起始设备： 所属线路：

父级线路： 创建方式： 新建支线

线路名称	电压等级	起始编号	杆位
10kV999新建支线	10kV	1	中

确定 取消

图 4-30 架空线路维护—新建支线

4.3.5 延长架空线路

现实中的配电线路常会出现“延长架空线路”的需求。延长后的架空线路级别不会发生变化，其中主干线延长后线路级别仍为主干线，支线延长后线路级别仍为支线。

步骤1：点击工具栏中的“延长架空线路”，新建支线如图4-31所示。

步骤2：选中主干线或者支线的末端杆塔中心，待图形上出现一个红色小点“●”，此时点击左键，弹出“架空线路维护”界面，如图4-32所示。

图 4-31　延长架空线路—新建支线

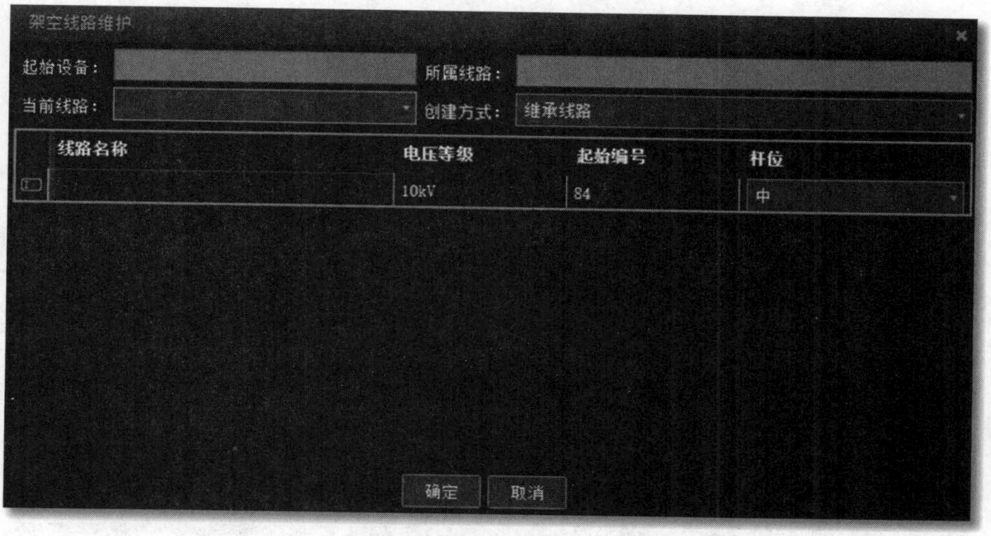

图 4-32　延长架空线路—架空线路维护

步骤 3：创建的方式选择“继承线路”，将必要信息填写完整即可。

此后线路的绘制方法同“主干线”绘制一致。

4.4　新建电缆线路

相比于架空线路，电缆线路有占地小、不受外界影响和供电可靠性高等优点，经常应用于市区。

为了与现场保持一致，图元除了电缆本体外，还有电缆中间接头和电缆终端头等配件。接下来将介绍如何新建电缆线路。

4.4.1　新建电缆主干线

步骤 1：点击菜单栏“开始”下方“新建电缆线路”按钮，新建支线如图 4-33 所示。

步骤 2：找到需要新建电缆线路的变电站，移动鼠标箭头到变电站图形边缘。如果捕捉到可出线路的位置，图形上就会出现一个红色小点“●”，此时点击左键，弹出“电缆线路维护”界面。输入线路名称，如果站内设备已存在则选择出线间隔，线路维护时自动与间隔中的出线点建立连接关系，电缆线路维护界面如图 4-34 所示。

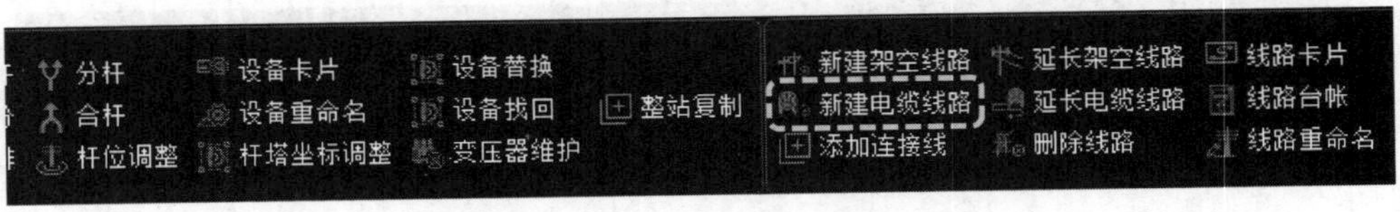

图 4－33　新建电缆线路—新建支线

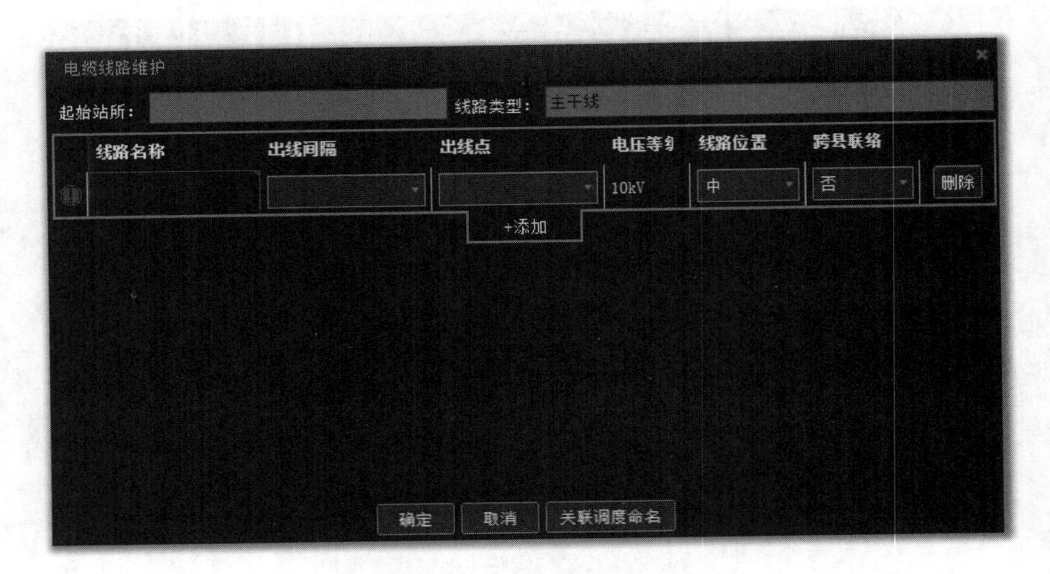

图 4－34　电缆线路维护界面

步骤 3：连续左键单击确定电缆节点，图上带实时绘制轨迹，按住 Ctrl 键为正交画线。可以利用工作区的“坐标定位”功能，确定每个节点的位置，绘制电缆线路如图 4－35 所示。

步骤 4：同架空线路类似，结束电缆线路的绘制也有两种情况：第一种为单击右键调出功能菜单，点击“完成”结束绘制；第二种是以杆塔或站房设备为终点结束，完成绘制如图 4－36 所示。

步骤 5：节点编辑。选中一段电缆段，右键调出功能菜单选择“添加节点”，可以在电缆段上增加一个节点，一次只能添加一个，节点编辑如图 4－37 所示。也可以使用“删除节点”功能，或按 Delete 键，在电缆段上删除该节点，一次只能删除一个。

节点坐标也可以批量导入，选中电缆，在功能菜单选择“坐标导入”功能，按要求制作 Excel 表格后，即可批量导入节点坐标，节点批量导入如图 4－38 所示。

下面介绍新建电缆右键功能菜单。

（1）完成：结束电缆线路绘制操作。

（2）带结束图元完成：可以选中站房、杆塔作为线路的结束设备。在图元栏选择结束图元，若未选中，则带结束图元完成为灰色不可选择；若已选中，也允许编

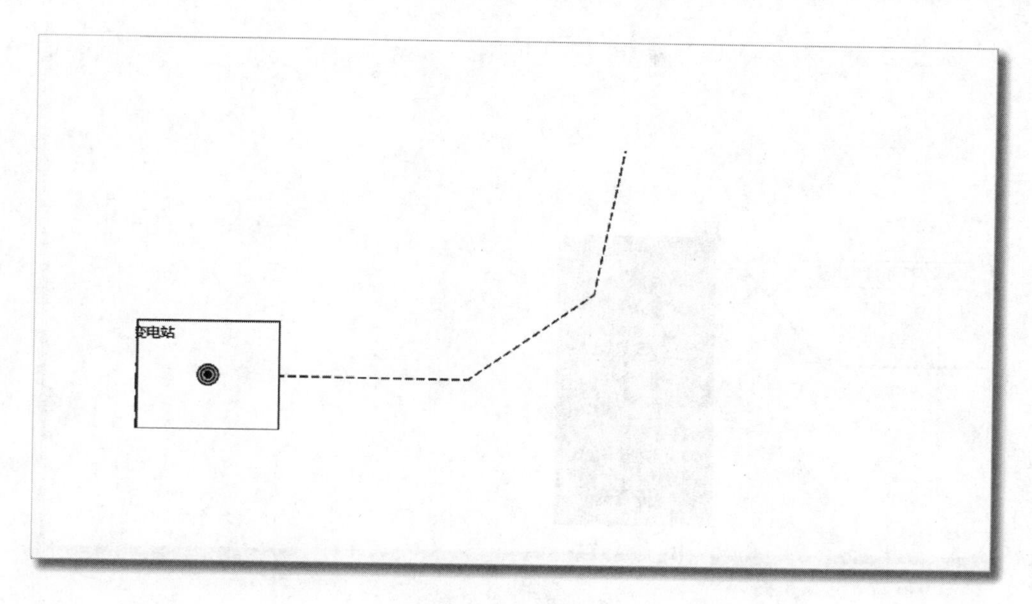

图 4-35　绘制电缆线路

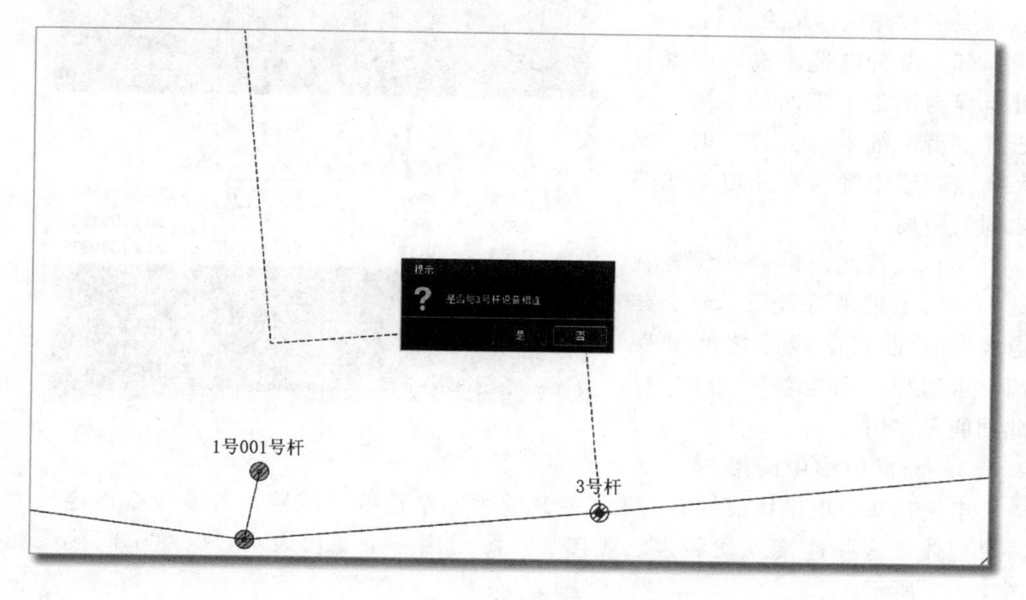

图 4-36　完成绘制

辑过程中选择其他图元；若选中的图元不能作为结束图元，提示不能使用该设备作为结束图元。点“完成”结束绘制，弹出名称输入框，名称需校验。

(3) 取消：撤销本次操作，前面的绘制清除，也可以按 Esc 键取消本次操作。

(4) 沿电缆平行敷设：点击“沿电缆平行敷设”后，需要在地图中参照的电缆线路首端选择新建电缆线路的起点，在参照的电缆线路末端选择新建电缆线路的终

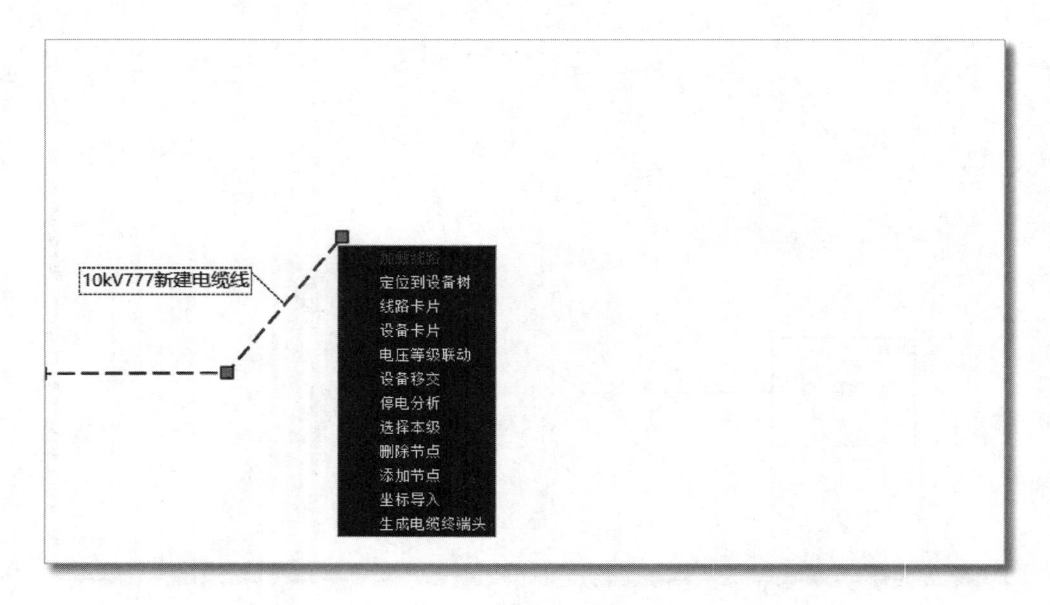

图 4 - 37　节点编辑

点，点击“完成”结束绘制。

（5）设置电缆距离：设置新建电缆与附近电缆间的距离。在选择“沿电缆平行敷设”时，此距离是新建电缆与参照电缆线路之间的距离。

（6）设置线路间距：设置在选择“沿电缆平行敷设”时新建电缆与附近架空线路之间的距离，未选择“沿电缆平行敷设”此功能无作用。

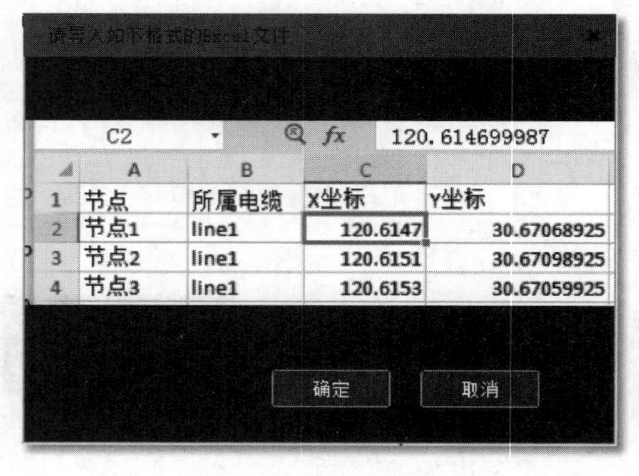

	A	B	C	D
1	节点	所属电缆	X坐标	Y坐标
2	节点1	line1	120.6147	30.67068925
3	节点2	line1	120.6151	30.67098925
4	节点3	line1	120.6153	30.67059925

图 4 - 38　节点批量导入

4.4.2　新建电缆中间接头

电缆接头：电缆铺设好后，为了使其成为一个连续的线路，各段线必须连接为一个整体，这些连接点就称为电缆接头，图元用一个菱形表示，电缆中间接头如图 4 - 39 所示。

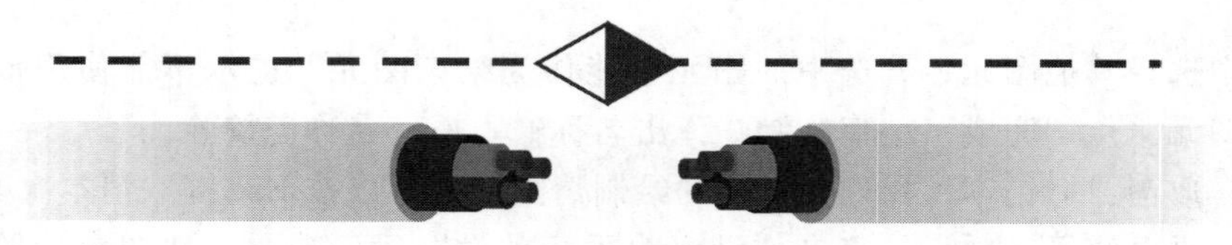

图 4 - 39　电缆中间接头

电缆中间接头既可以在电缆段中间插入，也可以在电缆末端插入，供延长电缆线路使用。具体操作方法如下：

步骤1：在左侧图元栏里选择“电缆中间接头”图元，新建支线如图4-40所示。

图4-40 电缆中间接头—新建支线

步骤2：找到需要延长的电缆段末端，捕捉到红色小点“●”时，单击左键，弹出命名界面，填写规则一般为“线路名称＋电缆中间接头＋数字”，新建电缆中间接头如图4-41所示。

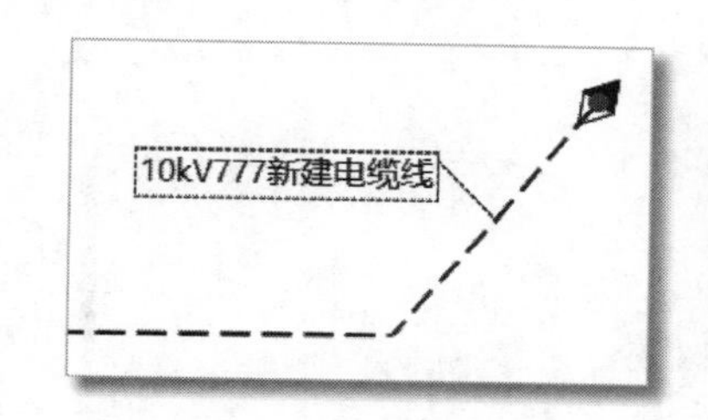

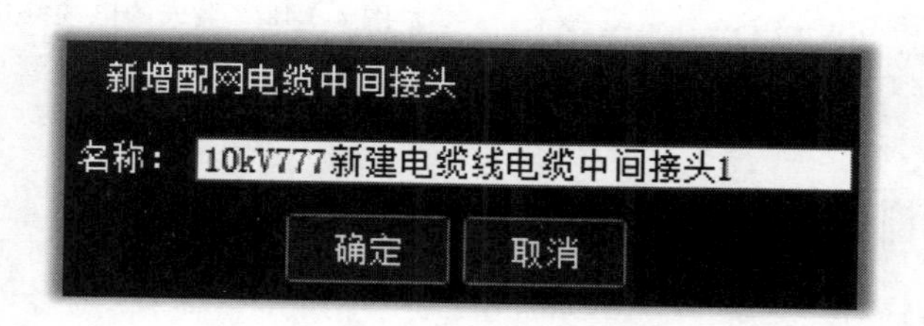

图4-41 新建电缆中间接头

4.4.3 新建电缆终端头

电缆终端头：装配在电缆线路的首末端，用以完成与其他电气设备连接的装置，图元为一个小三角形。绘制一段电缆后，右键调出功能菜单，点击“生成电缆终端头”，即可生成首末两端的电缆终端头，生成的电缆终端头如图4-42所示。

4.4.4 延长电缆线路

电缆线路与架空线路一样，也可以延长。具体操作如下：

点击“延长电缆线路”按钮，移动鼠标光标至电缆末端，如果捕捉到可出线路的位置，图形上就会出现一个红色小点“●”，此时点击左键，弹出“电缆线路维护”界面。此后线路的绘制方法同“主干线”绘制一致，延长电缆线路如图4-43所示。

提示：

（1）若电缆线路末端是电缆中间接头，则可以从电缆中间接头处延长。

（2）电缆终端头处不允许延长。

（3）变电站端、站房端和杆塔端不允许延长，只能新建电缆线路。

（4）除电缆中间接头外的点设备，延长部分的电缆段与被延长端所属的电缆属于同一条电缆。

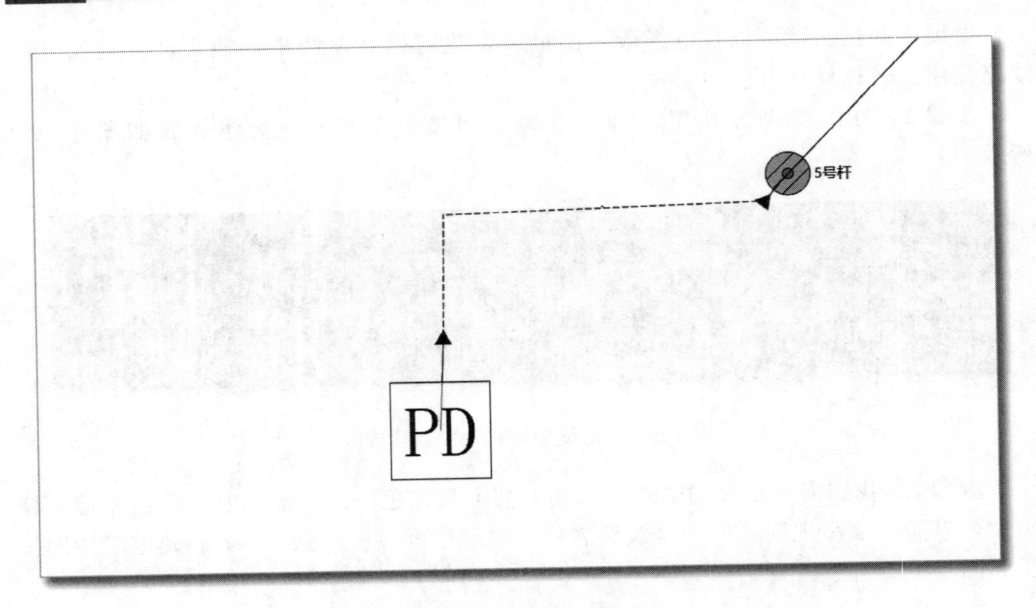

图 4-42　生成的电缆终端头

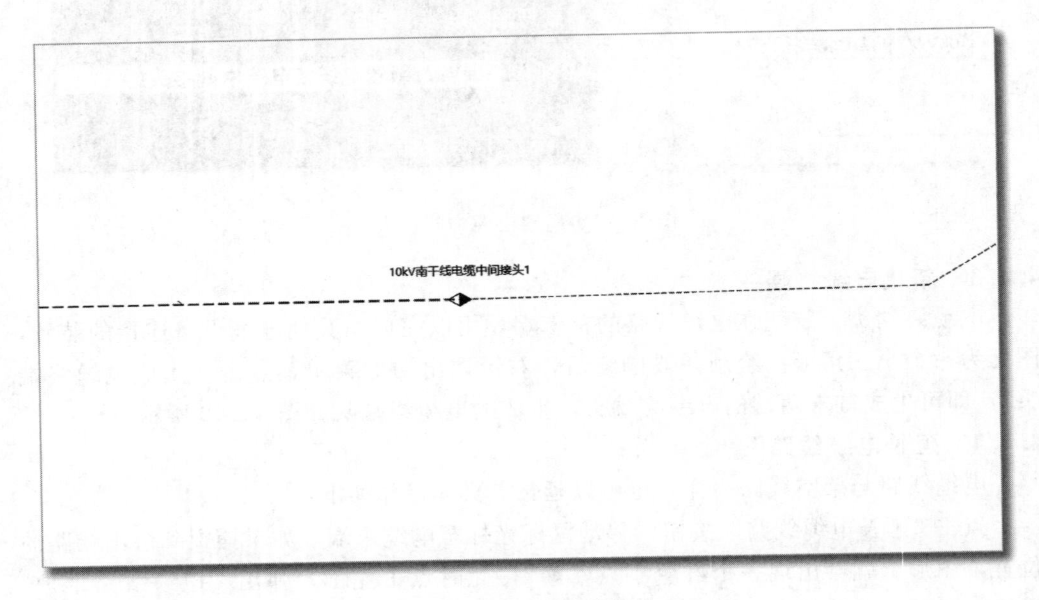

图 4-43　延长电缆线路

4.5　台　账　维　护

绘制设备以后，还需要补全设备所对应的台账。部分字段的修改会直接影响到设备的状态，因此需要认真对待。这里以杆塔为例介绍台账维护功能。

4.5.1　设备卡片

在浏览模式下，设备卡片只可查看，不可维护。在进入异动流程之后，设备卡片的功能开放，可以进行台账维护，设备卡片如图 4-44 所示。

图 4-44　设备卡片

杆塔和杆位均须维护台账。选择物理杆塔，点击“设备卡片”进入编辑台账界面。杆塔的台账由四个参数构成：运行参数、物理参数、资产参数和其他参数。部分台账信息会自动生成，有些则需要人工录入，标记“*”为必填项。

运行参数：杆塔的维护班组、使用性质、运行状态等参数，杆塔运行参数如图 4-45 所示。

运行参数

名称		杆号	
杆号		所属地市	
所属县局		运维单位	
维护班组		设备主人	
电压等级	10kV	运行状态	在运
投运日期	2023-08-15	杆塔性质	直线
地区特征		接地电阻(Ω)	
运营商		共享合作方	
使用性质	公用		

图 4-45　杆塔运行参数

新建的杆塔运行状态默认为“在运”，杆塔性质默认为“直线（杆）”，使用性质默认为“公用”。当杆塔运行状态改为“未投运”、性质改为“耐张（杆）”时，杆塔的图形也将发生变化，“在运”状态的杆塔与“未投运”状态的杆塔如图 4-46 所示，直线杆与耐张杆如图 4-47 所示。

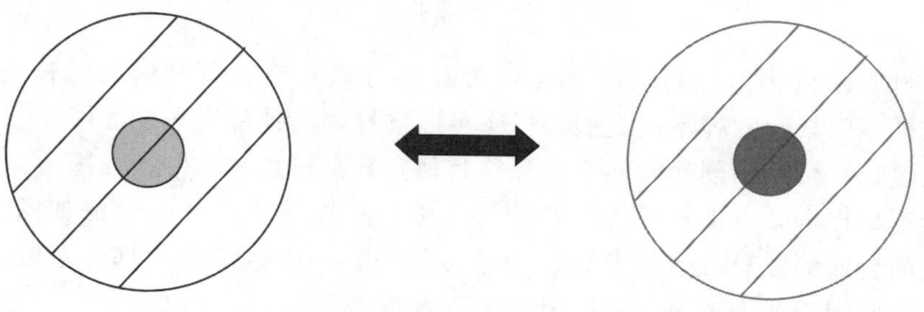

图 4-46　“在运”状态的杆塔与“未投运”状态的杆塔

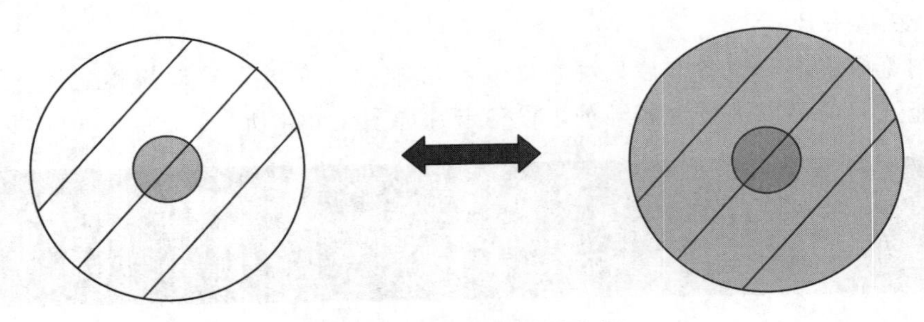

图 4 - 47　直线杆与耐张杆

资产参数：杆塔的资产性质、单位、实物 ID 等资产归属的参数，杆塔资产参数如图 4 - 48 所示。若使用性质为“专用”时，资产性质须改为“用户”。

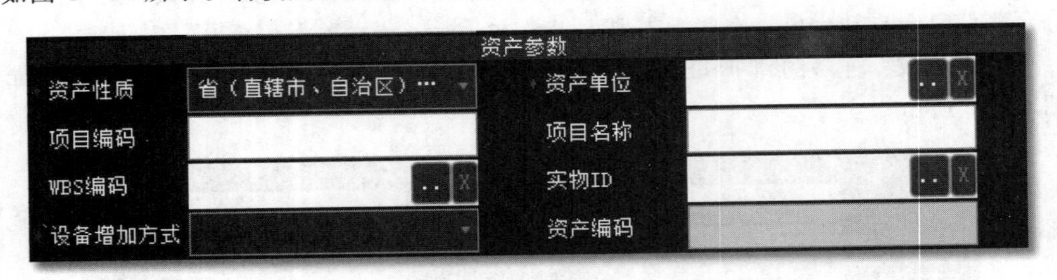

图 4 - 48　杆塔资产参数

物理参数：杆塔的基本参数。杆塔物理参数如图 4 - 49 所示。物理参数信息可以从杆塔的制造商处获取。

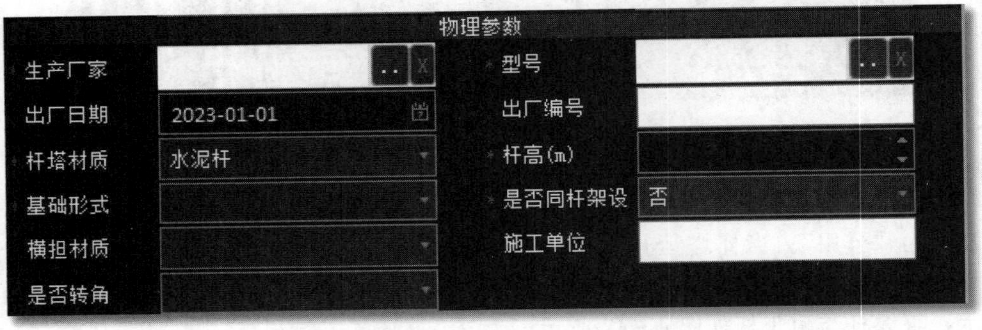

物理参数
生产厂家
型号
出厂日期
2023-01-01
出厂编号
杆塔材质
水泥杆
杆高(m)
基础形式
是否同杆架设
否
横担材质
施工单位
是否转角

图 4 - 49　杆塔物理参数

杆塔材质默认为水泥杆。除水泥杆外，还有钢管杆、角钢塔、钢管塔、铁杆、木杆和铁杆（门架）六种不同类型的杆塔可以选择，其他杆塔图元如图 4 - 50 所示。

其他参数：台账的创建时间、来源等其他参数。杆塔其他参数如图 4 - 51 所示。

选择逻辑杆塔，点击“设备卡片”进入编辑台账界面，杆位台账如图 4 - 52 所示。杆位的台账参数只有运行参数、物理参数和资产参数三个。部分台账信息会自动生成，有些则需要人工录入，标记“ * ”为必填项。

(a) 钢管杆
(b) 角钢塔
(c) 钢管塔
(d) 铁杆
(e) 木杆
(f) 铁杆(门架)

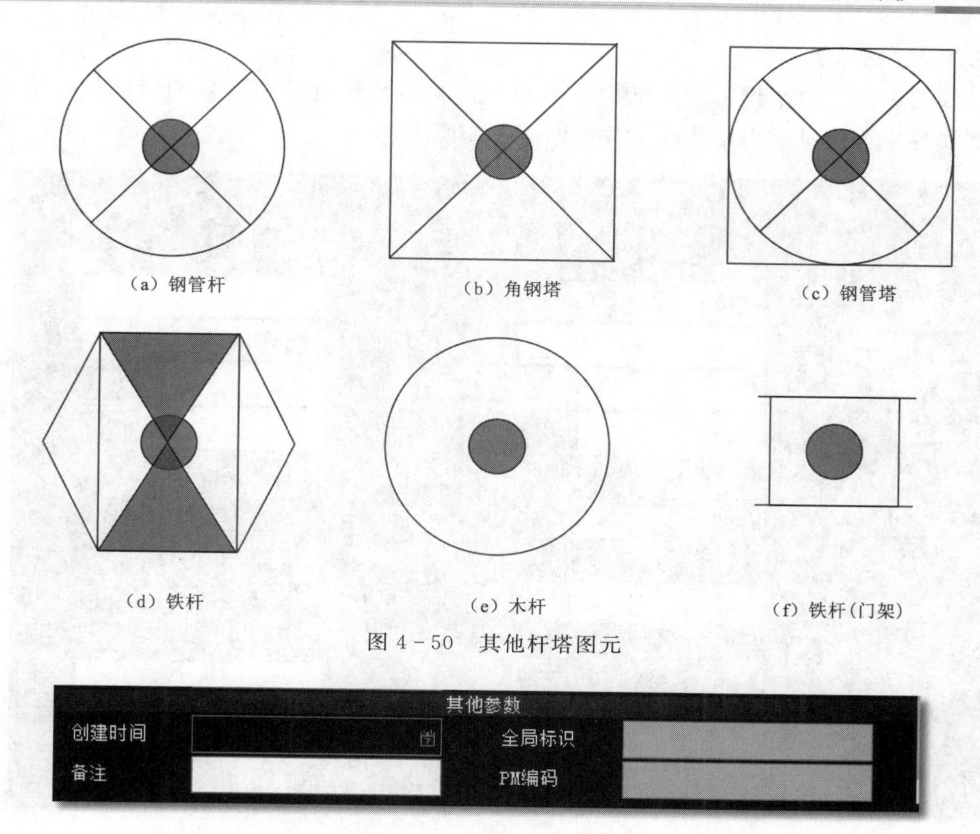

图 4-50 其他杆塔图元

其他参数
创建时间
全局标识
备注
PM编码

图 4-51 杆塔其他参数

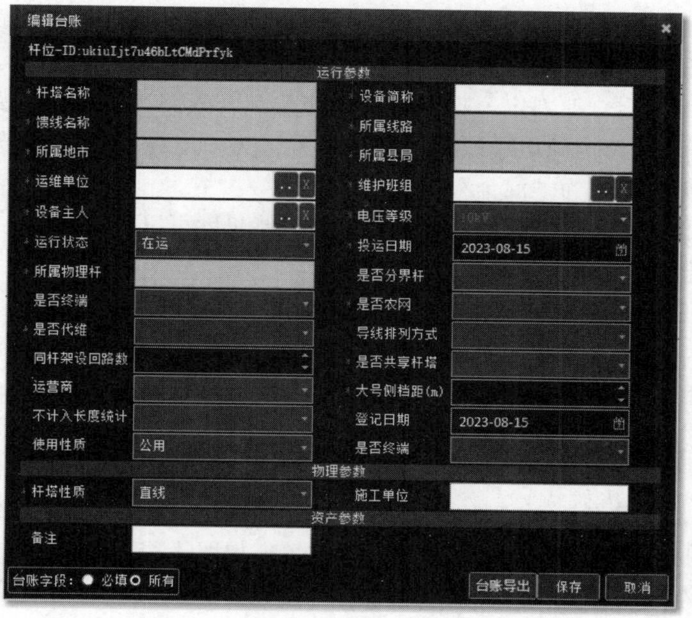

编辑台账
杆位-ID:ukiuIjt7u46bLtCMdPrfyk
运行参数
杆塔名称
设备简称
馈线名称
所属线路
所属地市
所属县局
运维单位
维护班组
设备主人
电压等级
运行状态
在运
投运日期
2023-08-15
所属物理杆
是否分界杆
是否终端
是否农网
是否代维
导线排列方式
同杆架设回路数
是否共享杆塔
运营商
大号侧档距(m)
不计入长度统计
登记日期
2023-08-15
使用性质
公用
是否终端
物理参数
杆塔性质
直线
施工单位
资产参数
备注
台账字段: 必填 所有
台账导出
保存
取消

图 4-52 杆位台账

4.5.2　线路卡片

线路卡片与单个设备卡片维护基本相同，主要是针对选中设备的所属馈线进行台账属性字段信息编辑，线路卡片如图 4-53 所示。

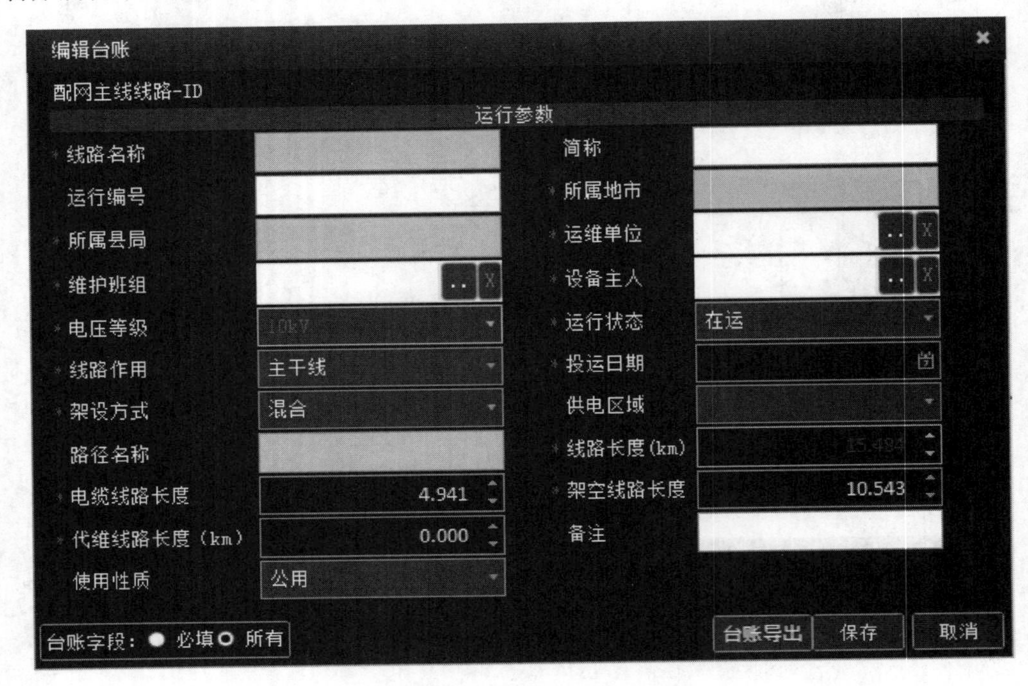

图 4-53　线路卡片

新建的馈线运行状态默认为“在运”。若改为“未投运”，整条线路（包括线路上接带的所有设备）都会变为灰色。

架设方式系统会自动判定，也支持手动修改。若线路为纯架空线路，则架设方式为“架空”；若线路为纯电缆线路，则架设方式为“电缆”；若既有架空线路也有电缆线路，则架设方式为“混合”。

线路长度自动生成。电缆线路长度和架空线路长度可以手动修改。

4.5.3　线路台账

若需要补全台账信息的设备较多，可以利用“线路台账”功能，像使用 Excel 一样进行筛选，或者下拉单元格批量填充数据。

点击“线路台账”按钮进入线路台账界面。在异动流程内，“线路台账”只会显示加载线路，并且会激活许多新功能。

（1）白色字体可以编辑，灰色字体为系统自动生成的字段，不可修改。对于可以修改的字段，把鼠标放在字段表格末尾，鼠标指针会变成“+”形状，向下或向上拖动，就可以像 Excel 一样填充数据，下拉填充如图 4-54 所示。

（2）设置生产厂家。在线路二级界面，勾选设备，点击右上角“设置生产厂家”按钮，可以为选中的设备添加生产厂家，设置生产厂家如图 4-55 所示。

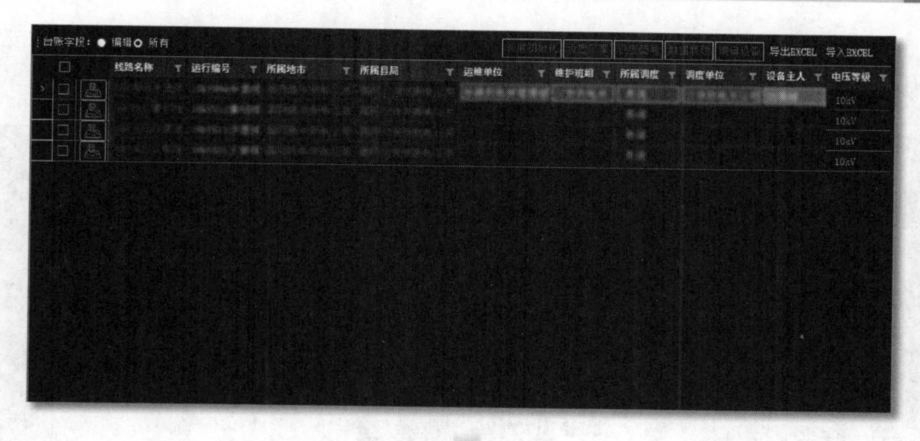

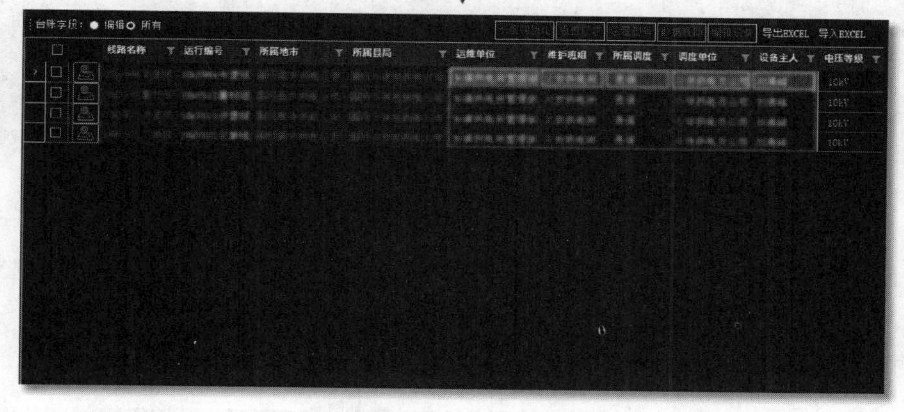

图 4-54 下拉填充

图 4-55 设置生产厂家

（3）设置型号。在线路二级界面，勾选设备，点击右上角“设置型号”按钮，可以为选中的设备添加型号。设置型号如图 4－56 所示。

图 4－56　设置型号

（4）长度初始化。左侧设备类型选择“配网架空线段”或“电缆段”，勾选设备后点击右上角“长度初始化”按钮，即可重新刷新架空线或电缆线的线路长度，长度初始化如图 4－57 所示。

图 4－57　长度初始化

（5）数据联动。返回一级界面，选择馈线，点击右上角“数据联动”按钮，自动更新需要计算的字段，如线路长度等。数据联动如图 4 - 58 所示。

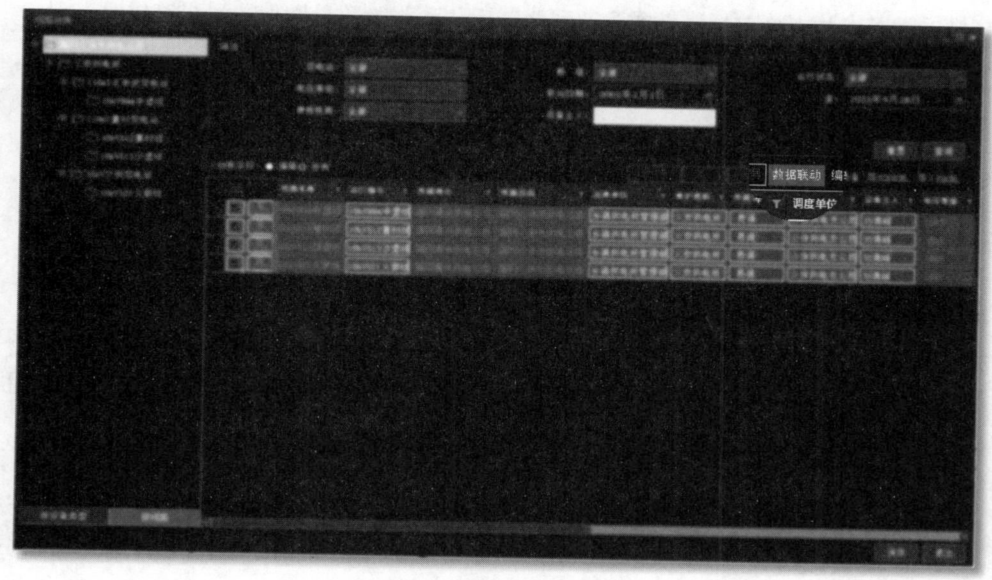

图 4 - 58　数据联动

4.6　设　备　树

在异动流程外，设备树功能单一，只能执行简单的浏览与定位操作。进入异动流程后，设备树功能开放，可以进行编辑操作，设备树功能开放如图 4 - 59 所示。

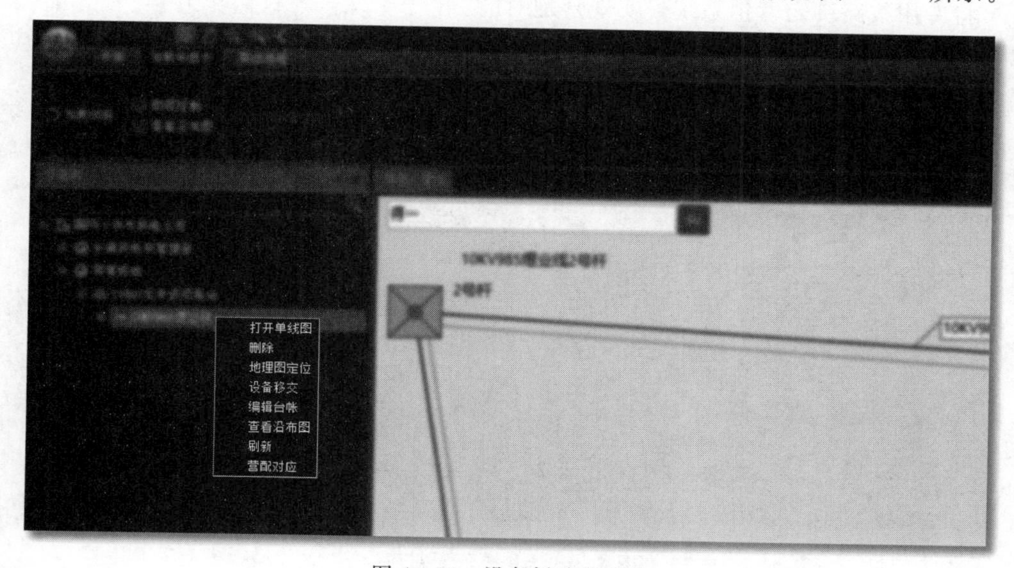

图 4 - 59　设备树功能开放

4.6.1　耐张段

耐张段：两个耐张杆之间生成一个耐张段，一对耐张符，耐张段如图4-60所示。在杆塔的设备卡片上修改杆塔性质为“耐张”后，耐张段数量增加，耐张符成对出现。

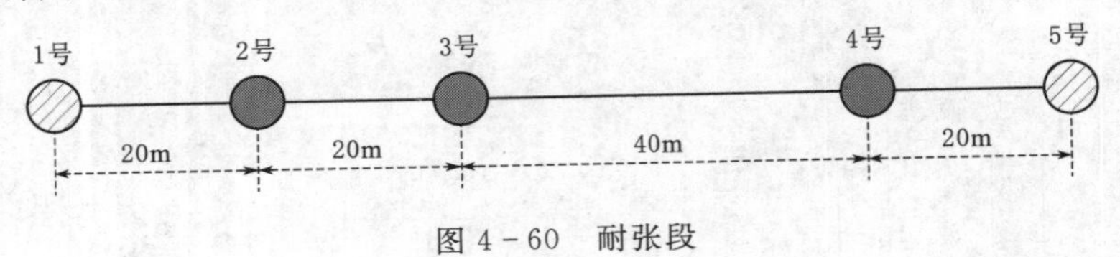

图4-60　耐张段

在图中选中一截架空线路，定位至设备树，会定位至耐张段所在的区间。

4.6.2　打开单线图

在绘制图形时，为了将出现的问题或缺陷实时体现出来，故增加“打开单线图”功能。此功能可避免在流程发送到单线图调图环节发现绘制问题导致反复回退流程的耗时且无用功的操作。

4.6.3　删除

删除整条馈线。在设备树中点击“删除”按钮，会提示“确定删除该线路?”选择“是”，删除馈线本身、线路下的所有设备和设备间的关系，图上不再显示；点击“否”则不作处理。

4.6.4　设备移交

移交整条馈线至其他班组。

4.6.5　编辑台账

与“线路卡片”的功能相同，可以编辑此馈线的台账。

4.6.6　专线营配对应

将专用线路绑定营销系统，实现营配对应。

步骤1：选择一条专用线路，在设备树中点击“营配对应”按钮，弹出营配对应界面，专线营配对应如图4-61所示。

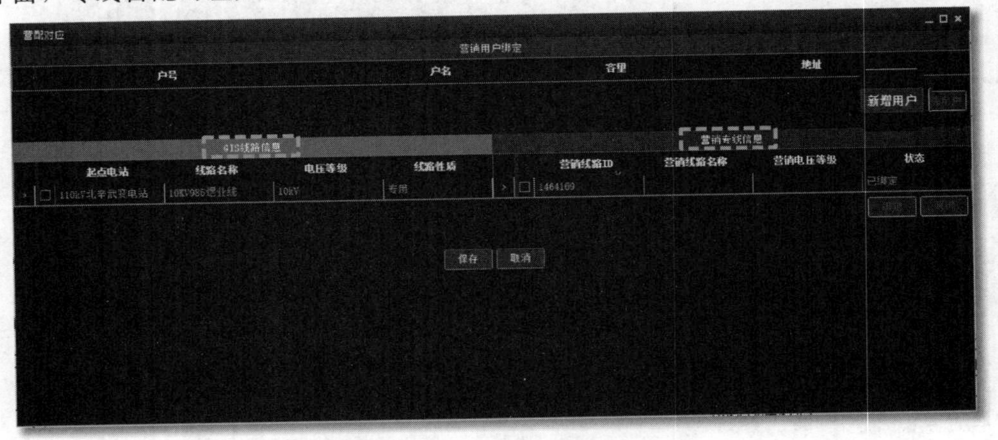

图4-61　专线营配对应

步骤2：点击“新增用户”按钮，打开“选择用户”界面，输入营销户号或户名，点击确定，查找该线路，选择用户如图4-62所示。

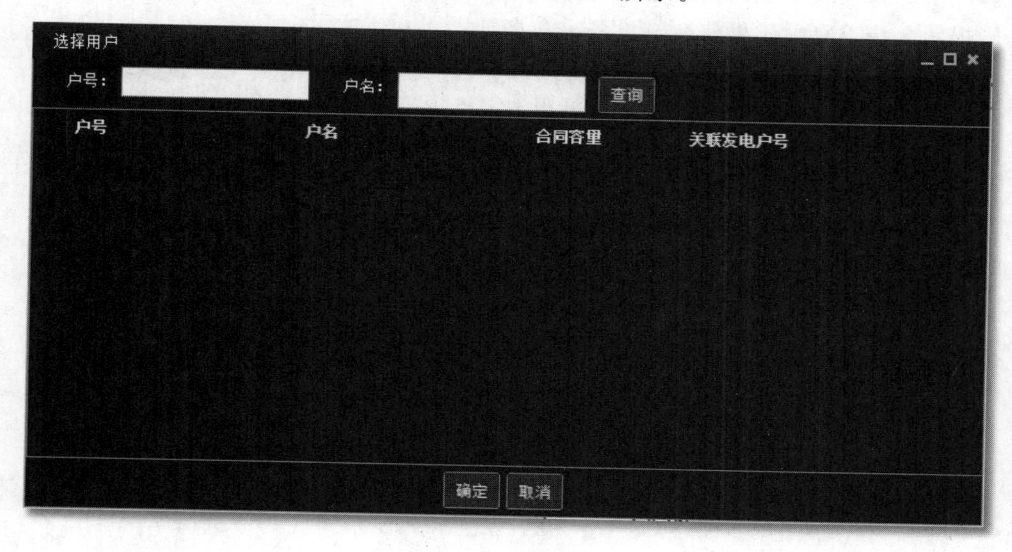

图4-62 选择用户

步骤3：勾选“GIS线路信息”与“营销专线信息”，点击“绑定”按钮，即可实现营配对应，保存即可。

提示：此操作需要在“营销维护”流程下进行。

4.7 维护设备

在本节将讲解如何对架空线路进行维护操作。

4.7.1 删除线路

删除线路如图4-63所示。

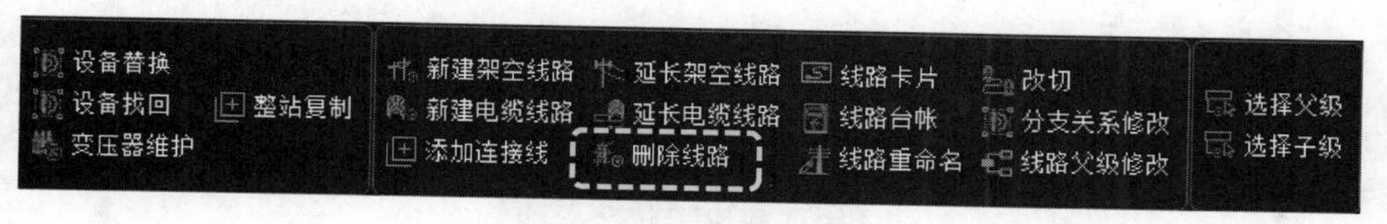

图4-63 删除线路

选择线路下的任意设备，在工具栏中点击删除线路按钮，系统提示“确定删除该线路?”选择“是”，删除馈线本身、线路下的所有设备和设备间的关系，图上不再显示；点击“否”则不做处理。

4.7.2 设备重命名

使用“设备重命名”功能来修改杆塔、电缆中间接头等设备的名称，同一条馈线下线路名称不允许重名。

点击线路重命名后，弹出名称修改界面进行操作。点击“确定”按钮，重命名校验（同一条馈线下线路名称不允许重名），校验通过保存修改内容到编辑库。若重名则提示名称重复，不做修改，设备重命名如图 4－64 所示。

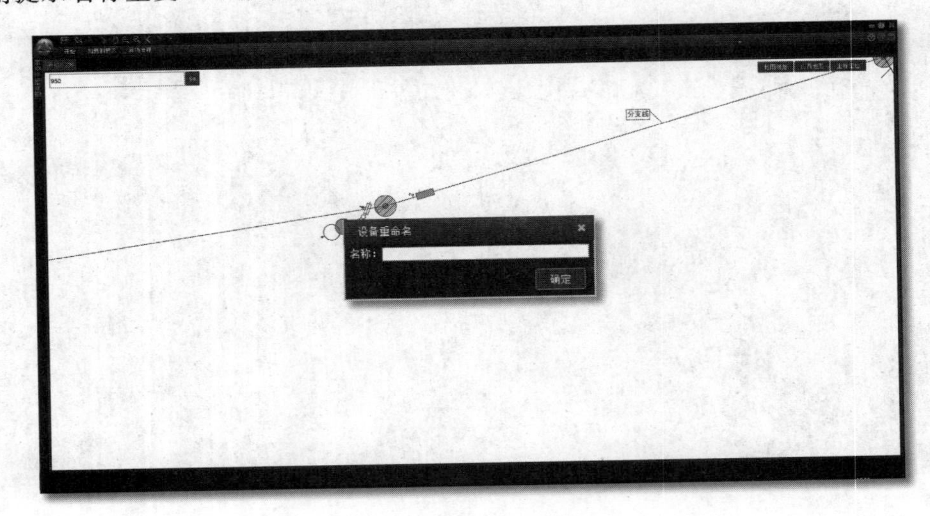

图 4－64　设备重命名

注意：设备经过重命名或修改简称后，只有涉及带资产的设备才会启用调图流程，不涉及带资产的设备不触发调图。

4.7.3　线路重命名

修改馈线、主线、支线的名称。

选择线设备，点击“线路重命名”按钮，弹出名称修改界面进行操作，线路重命名如图 4－65 所示。

图 4－65　线路重命名

点击“确定”按钮，重命名校验，校验通过保存修改内容到编辑库，重名提示名称重复，不做修改；点击“取消”按钮，关闭界面，不做修改。

修改馈线名称，也可以关联或解绑调度命名。

4.7.4 改切

线路改切是为了适应配网改造要求而加入的功能，改切如图 4－66 所示。改切后线路的拓扑关系、层级关系和资产关系均会发生变化，系统完成图形修改后，设备的挂接关系、线路长度均会更新。

图 4－66 改切

线路改切分为移动节点改切和延长线路改切。延长改接时只允许孤岛线路改切，存在联络线路时，联络开关后不可改接。中间杆改接时增加支线，可通过线路分支关系修改支线范围。电缆线路改接时，线路所属关系根据挂接关系自动变化。

以下为改切的具体应用：

（1）改切架空线路：点击“改切”按钮，选中需改切线路的位置，拉动节点到改切的目标位置（杆塔、站房），弹出线路关系修改框，根据实际情况选择好关系及线路名称后（合并到父级不需要填写线路名称，创建主线和创建支线需要填写线路名称），点击“确定”按钮改切完成，主干线关系修改如图 4－67 所示，支线关系修改如图 4－68 所示。

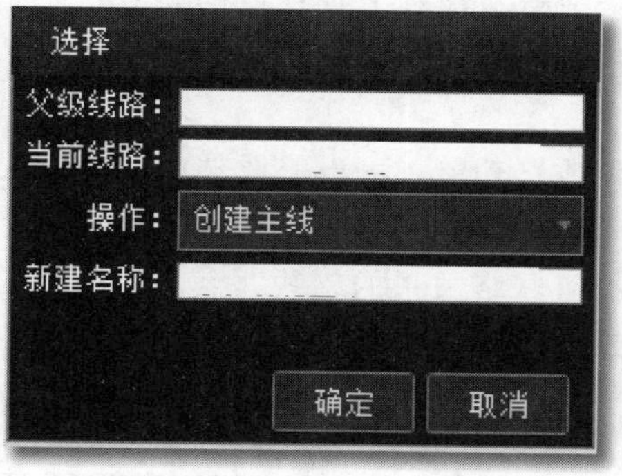

图 4－67 主干线关系修改

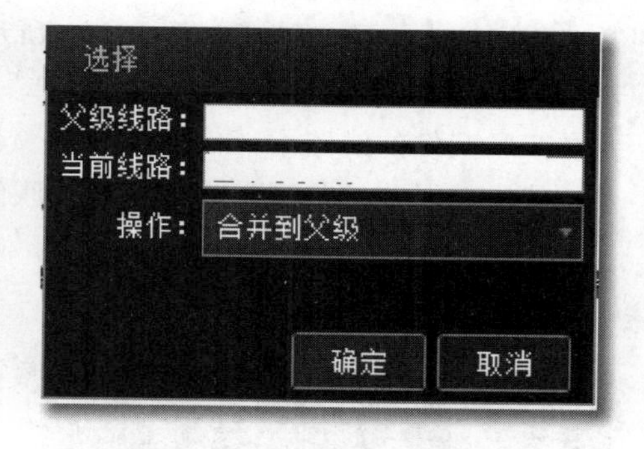

图 4－68 支线关系修改

（2）改切电缆线路：点击“改切”按钮，选中需要改切的电缆线路；拉动电缆的首末端点节点到改切的目标位置（杆塔、站房），弹出线路关系修改框，根据实际情况选择好关系及线路名称后（合并到父级不需要填写线路名称，创建主线和创建支线需要填写线路名称），点击确定按钮改切完成。

4.7.5 分支关系修改

线路级别修改工具，可以将支线合并至父级线路，或者创建该支线的次级分支线；同时也可以用来将主干线改为支线，与“改切”功能非常类似。具体过程如下：

在主干线上进行分支关系修改，支持“创建主线”和“创建支线”两种操作；在支线上进行分支关系修改，支持“创建主线”“创建支线”和“合并到父级”三种操作，分支关系修改如图4-69所示。

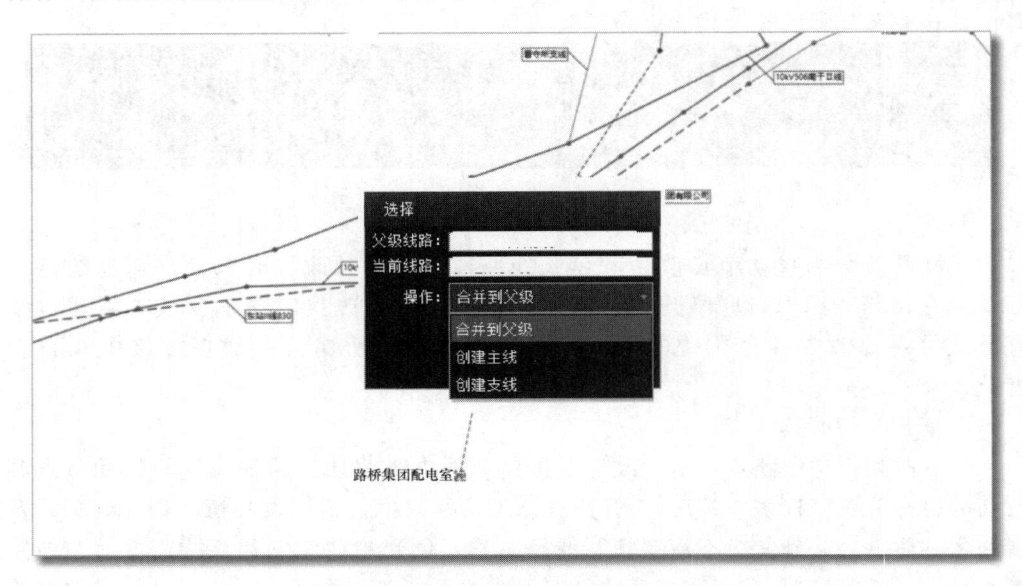

图4-69 分支关系修改

提示：使用“分支关系修改”功能时，会刷新本级和下级杆塔的名称，而“改切”功能则不会，刷新杆塔如图4-70所示。

4.7.6 线路父级修改

在互联互供的线路中，使用“线路父级修改”功能，可以修改选中支线的线路关系，使当前线路挂接到和本线路有关联的其他线路下。具体过程如下：

在异动流程中加载互相联络的线路，选择有联络关系的支线，点击“线路父级修改”按钮，即可修改支线的上级线路，分支线父级关系修改如图4-71所示。

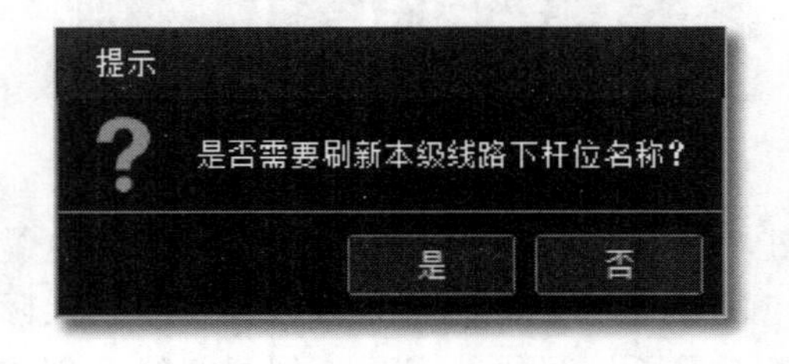

图4-70 刷新杆塔

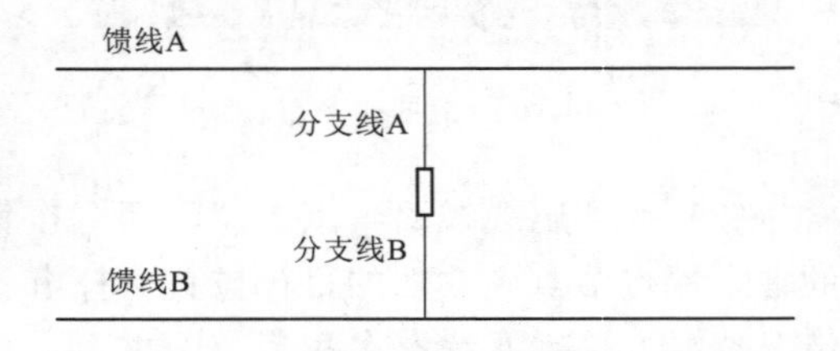

图4-71 分支线父级关系修改

提示：此功能只能作用于分支线，不能作用于主干线。

4.8 流　程　归　档

流程没有归档之前，用户的所有操作仅仅是在本地计算机中进行的，而数据库中的数据并没有发生任何改变，只有将流程归档后，数据库中才会进行有效更新。

4.8.1 提交与发送

若该异动任务已经编辑完成，可以在异动管理界面进行任务闭环，点击“发送”，进入下一个流程环节。直到台账维护后发布操作，数据正式进入浏览库，提交成功后就可以重新进入浏览库看到编辑的数据。

步骤1：发送。在异动流程板块下点击“发送”按钮，弹出“选择人员”界面，调图如图4-72所示。选择调图审核人员后点击“确认”，异动流程进入“单线图调图”环节。

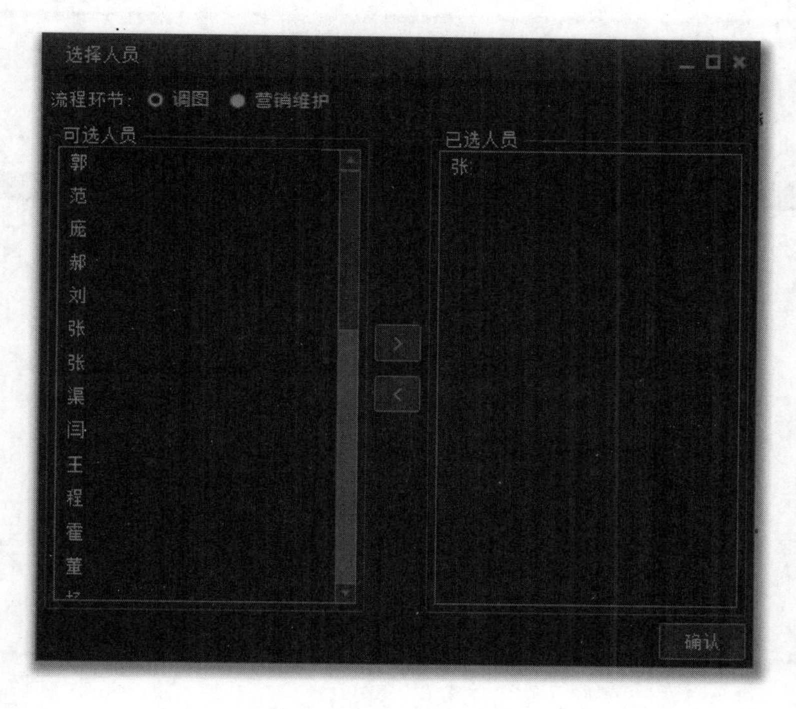

图4-72　调图

步骤2：专题图维护。登录网页端维护套件，在客户端新建的流程将全部显示在此处，点击“重置”按钮可以刷新任务列表。

选中任务名称后，点击“专题图维护”按钮，可以看到所有在客户端中加载的线路，专题图维护如图4-73所示。点击“流程日志”按钮可以了解此异动每一步的状态、开始时间、结束时间和处理人等信息，流程日志如图4-74所示。

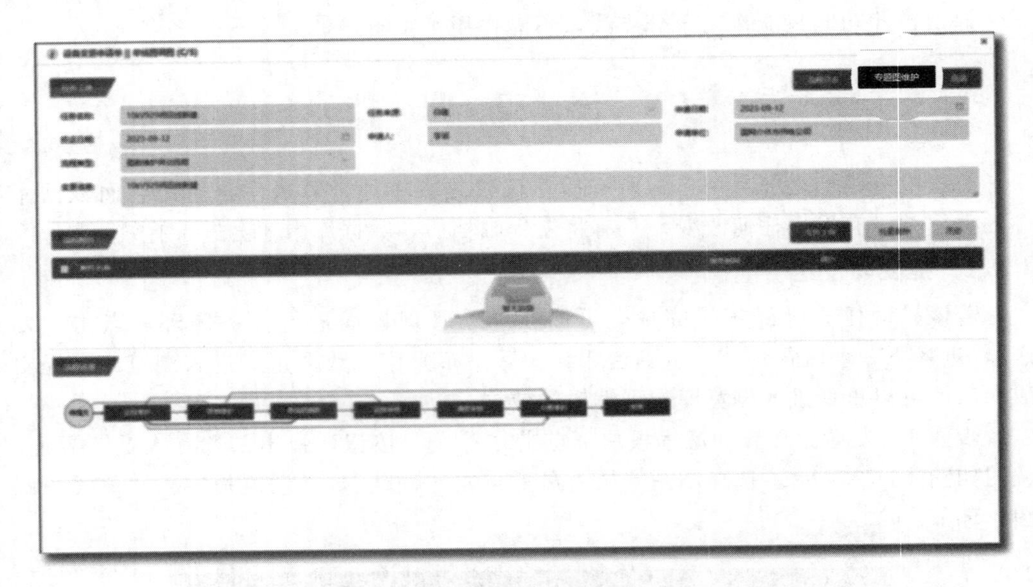

图 4－73　专题图维护

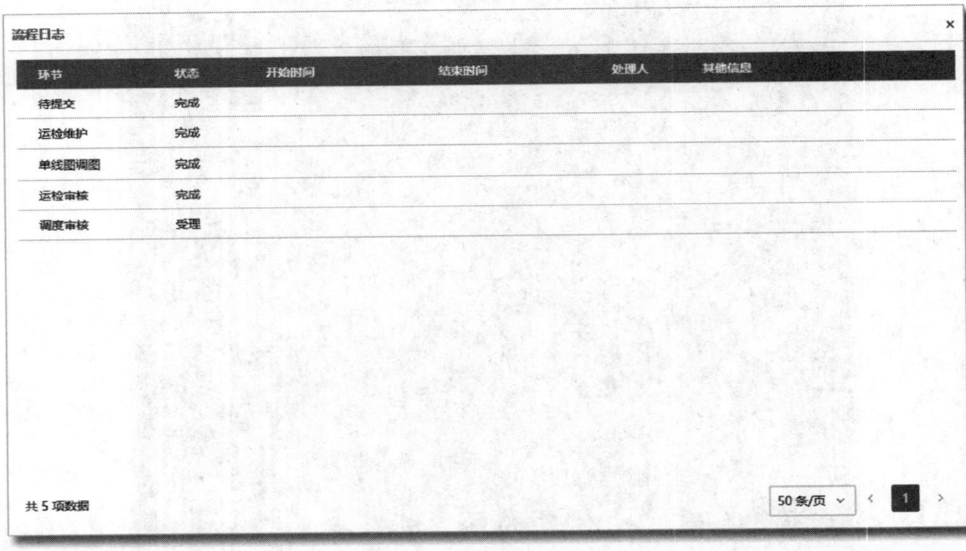

流程日志

环节	状态	开始时间	结束时间	处理人	其他信息
待提交	完成				
运检维护	完成				
单线图调图	完成				
运检审核	完成				
调度审核	受理				

共 5 项数据　50 条/页　1

图 4－74　流程日志

下面的步骤与 3.6.2 节“专题图维护”的步骤一致，因此不再赘述。

步骤 3：运检审核。任务详情界面发送后，进入选择人员界面，选择合适的审核人员后，进入运检审核环节，运检审核如图 4－75 所示。点击右上角“图数对比”按钮，弹出图数对比界面，系统会自动对比调图前后专题图的差异，并用高对比色显示，图数对比界面如图 4－76 所示。

点击“发送”进入下一环节。

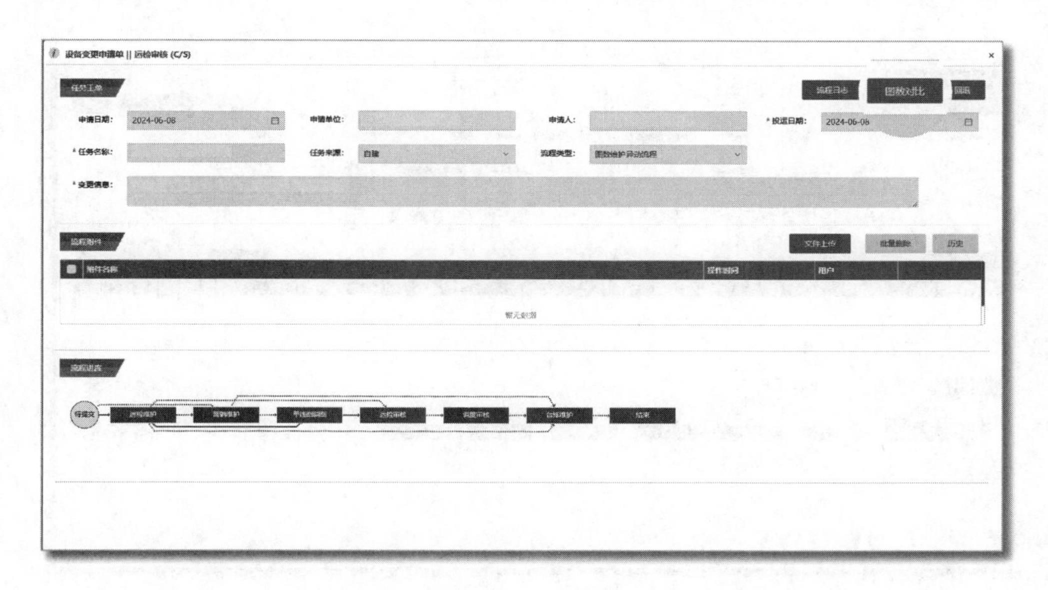

图 4-75　运检审核

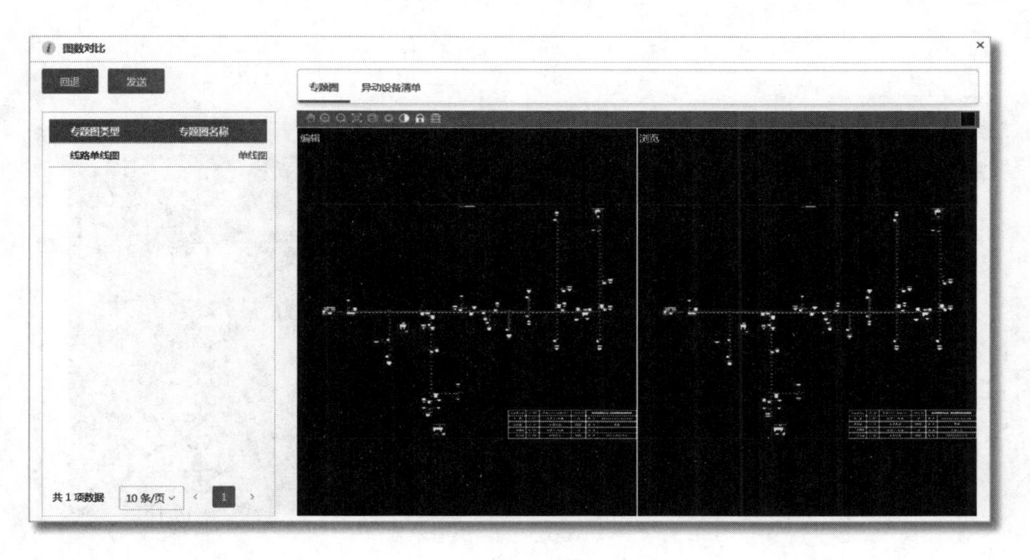

图 4-76　图数对比界面

步骤 4：调度审核。运检审核发送成功后，进入调度审核界面，如图 4-77 所示。再次点击右上角“图数对比”按钮，弹出图数对比界面。系统会再次对比调图前后专题图的差异，并用高对比色显示，发布如图 4-78 所示。点击“发布”进入下一环节。

步骤 5：台账维护。返回同源客户端补全空缺的台账，台账维护如图 4-79 所示。当然，补全台账的步骤也可以在“运检维护”环节完成。若不需要维护台账，点击“发送”即可。

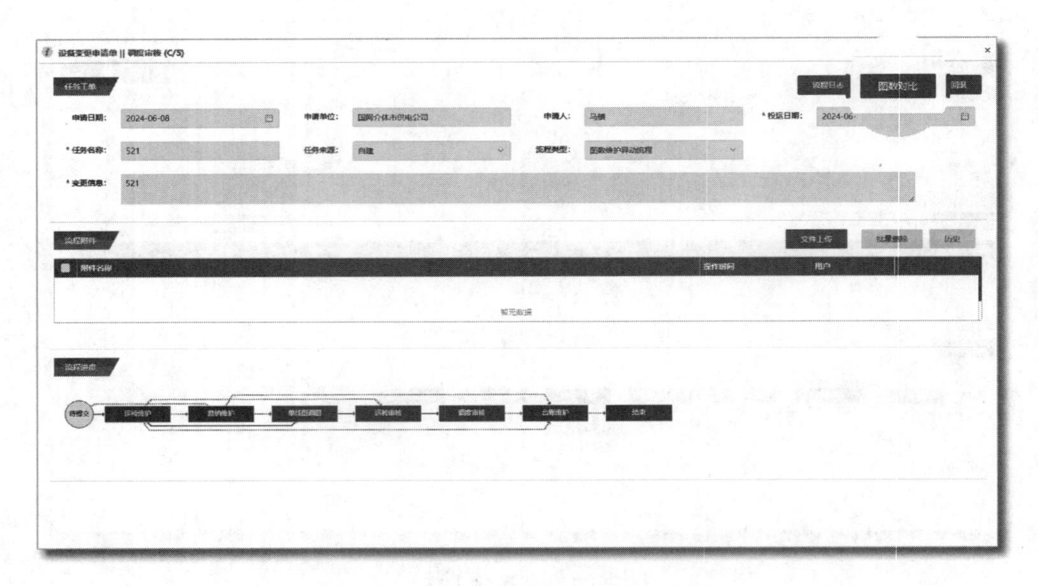

图 4-77 调度审核

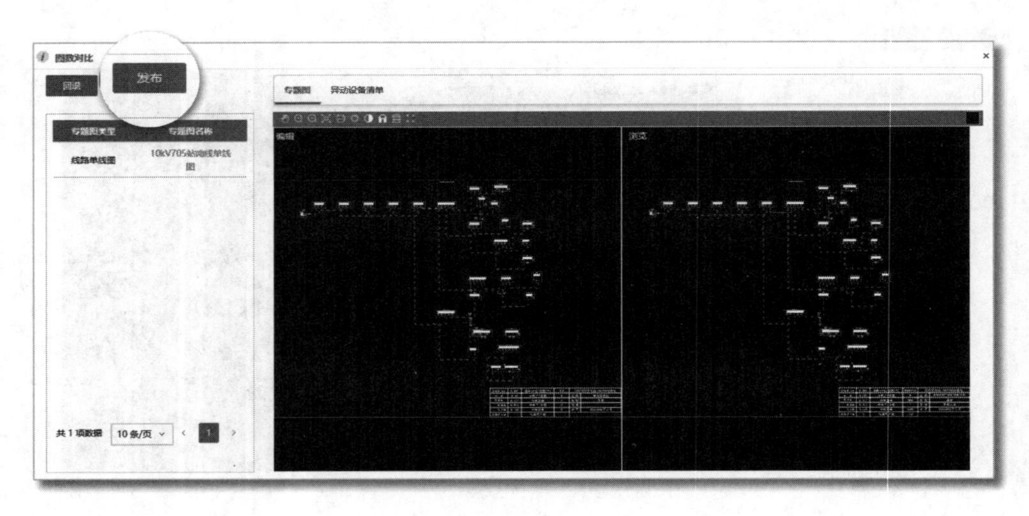

图 4-78 发布

注意：只能对台账进行编辑，无法对图形进行修改。

4.8.2 退出客户端

用户可以通过多种方式退出同源，如点击菜单栏 中的“退出”操作，或者点击窗口右上角的关闭按钮。

如果在编辑过程中用户执行了编辑操作而没有保存编辑结果，在退出系统前，会弹出是否退出的提示窗口，退出如图 4-80 所示。

图 4-79　台账维护

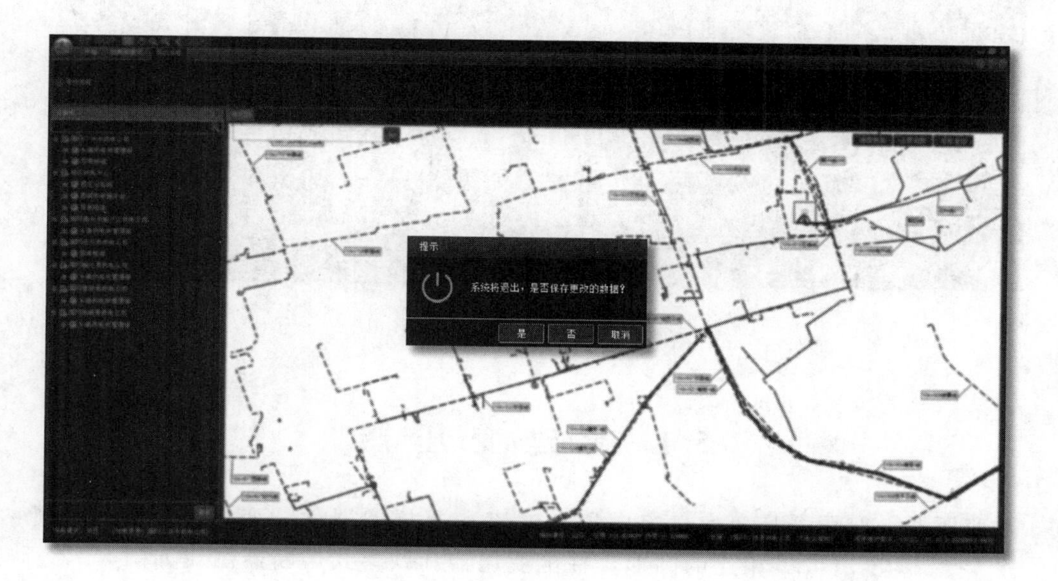

图 4-80　退出

第5章　柱　上　设　备

柱上设备：安装于杆塔上的一次设备。变压器、断路器、隔离开关等都是常见的柱上设备，常用的柱上设备图元如图5－1所示。柱上设备必须悬挂于杆塔上，不能存在于电缆或站房之内。本章将以变压器、断路器为例，介绍如何新建和维护柱上设备。

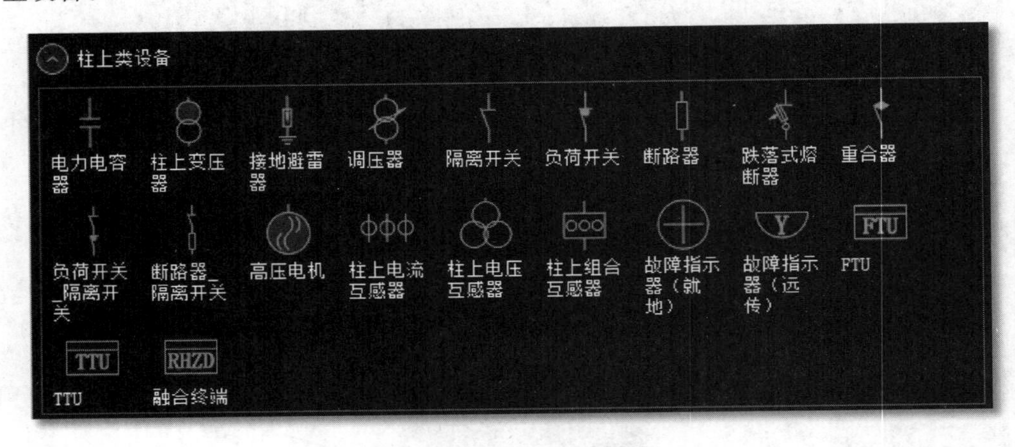

图5－1　常用的柱上设备图元

5.1　新　建　变　压　器

变压器：变压器是变换交流电压、电流和阻抗的器件，变压器图元为两个相连的圆形，柱上变压器和跌落式熔断器图元如图5－2所示。绘制变压器时，系统会自动添加与之配套的跌落式熔断器。

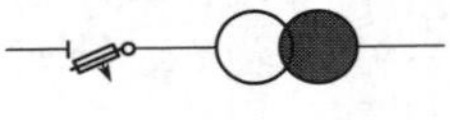

图5－2　柱上变压器和跌落式熔断器图元

步骤1：确定变压器位置。可以通过工作区的“坐标定位”功能，来确定变压器所在的位置。

步骤2：变压器绘制如图5－3所示。可以选择图元栏中的“变压器”图元，或直接点击工具栏“变压器维护”按钮，拖动鼠标至目标杆塔，鼠标会变成“变压器＋跌落式熔断器”的图元。杆塔出现红色小点“●”时说明变压器成功悬挂，点击左键绘制变压器。

步骤3：变压器命名。变压器绘制成功后，会弹出“变压器熔断器命名”界面，如图 5－4 所示。变压器名称应具有唯一性，尽量避免特殊字符。熔断器名称跟变压器名称联动，命名规则“变压器名称＋熔断器名称”。点击“完成”后，变压器新建成功。

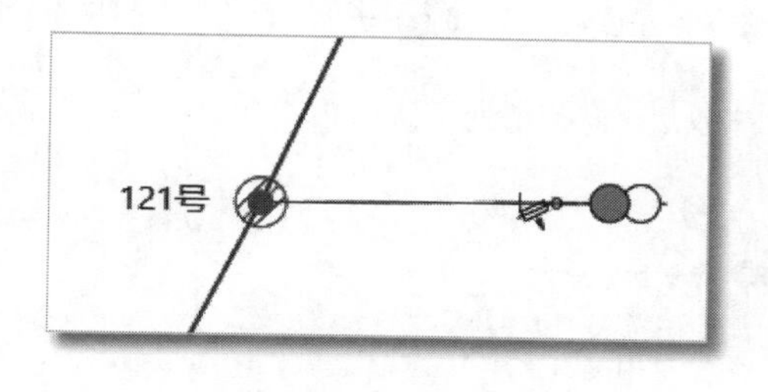

图 5－3　变压器绘制

图 5－4　变压器熔断器命名

步骤 4：台账维护。选择变压器，点击“设备卡片”进入编辑台账界面。变压器的台账由五大参数构成：运行参数、物理参数、资产参数、调控运行参数和其他参数。部分台账信息会自动生成，有些则需要人工录入，标记“＊”为必填项。

运行参数：变压器的维护班组、使用性质、运行状态等参数。变压器运行参数如图 5－5 所示。

运行参数

设备名称		运行编号	
所属杆塔		所属馈线	
所属线路		所属地市	
所属县局		运维单位	
维护班组		电压等级	10kV
投运日期	2023-08-15	是否农网	
专业分类		供电区域	
是否代维		使用性质	公用
设备主人		运行状态	在运
重要程度		地区特征	
是否为充电桩电源		是否为5G基站电源	
挂接充电桩个数		是否成套设备	
是否煤改电		电供暖方式	
外部系统ID	gUa2D8ySjoW7dSxBeU8		

图 5－5　变压器运行参数

新建的变压器使用性质默认为“公变”、运行状态默认为“在运”。当使用性质改为“专变”、运行状态改为“未投运”时，变压器的图形也将发生变化。“在运”

状态与“未投运”状态的变压器如图 5－6 所示，公用变压器与专用变压器如图 5－7 所示。

图 5－6　“在运”状态与“未投运”状态的变压器

图 5－7　公用变压器与专用变压器

物理参数：变压器的基本参数。变压器物理参数如图 5－8 所示。物理参数如型号、生产厂家、额定容量等信息可以从变压器的铭牌上获取，变压器铭牌如图 5－9 所示。

物理参数

型号		生产厂家	
出厂编号		绝缘介质	
出厂日期	2023-01-01	电压比	
接线组别		联接组标号	
是否非晶变		阻抗电压(%)	
空载电流(%)		空载损耗(W)	
短路损耗(W)		高压侧额定电流(A)	
低压侧额定电流(A)		无载开关分接档数	
无载开关分接位置		油号	
油重（kg）		总重（kg）	
绝缘耐热等级		额定电压(kV)	
额定电流(A)		额定容量	
接地电阻(Ω)		容量	

图 5－8　变压器物理参数

资产参数：变压器的资产性质、单位、实物 ID 等资产归属的参数。变压器资产参数如图 5－10 所示。若使用性质为“专变”时，资产性质须改为“用户”。

调控运行参数：变压器的调控运行监控权，变压器调控运行参数如图 5－11 所示。

其他参数：台账的创建时间、来源等其他参数，变压器其他参数如图 5－12 所示。

油浸式非合金铁心配电变压器

产品型号 SZ20-M. RL-400/10-NX2	标准代号	GB/T 1094.1~2	
额定容量 400 kVA		GB/T 1094.3	
额定电压及分接范围 (10±2×2.5%)/0.4 kV		GB/T 1094.5	
额定电流 23.09/577.35 A		GB/T 6451	
额定频率 50Hz 相数 3相		GB 20052	
冷却方式 ONAN 使用条件 户外式	产品代号	ISGCC.×××.××××××	
联结组标号 Dyn11 短路阻抗 3.97%	分接位置	高压分接电压(V)	损耗值实测值
绝缘水平:	1	10500	空载损耗 330
HV Um/LI/AC 12/75/35 kV	2	10250	负载损耗 3456
LV Um/LI/AC ≤1.1/—/5 kV	3	10000	温升限值
LVN Um/LI/AC ≤1.1/—/5 kV	4	9750	顶层油温升 55
绝缘油种类 I-30℃ 变压器油 GB2536	5	9500	绕组温升 60
绝缘油质量 305 kg	器身质量 1005 kg		总质量 1690 kg
出厂序号 20230610	制造年月 2023年6月		

××集团有限公司

图 5-9 变压器铭牌

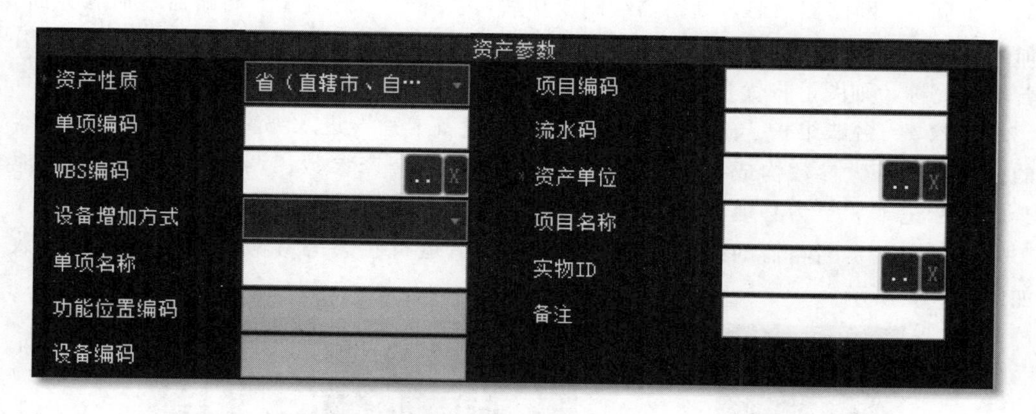

图 5-10 变压器资产参数

调控运行参数			
调度操作权		调度管辖权	
调度监控权		调度许可权	

图 5-11 变压器调控运行参数

其他参数			
创建时间		台账来源	01
PM编码		资产编码	

图 5-12 变压器其他参数

5.2 断　路　器

断路器：能够关合、承载和开断正常回路条件下的电流，并在规定的时间内承载和开断异常回路条件下的电流的开关装置。断路器的图元为一个矩形，柱上断路器图元如图5-13所示。

图5-13　柱上断路器图元

5.2.1　新建断路器

步骤1：确定断路器位置。根据现场情况，确定断路器所在的杆塔。

步骤2：绘制断路器。点击选择图元栏中的“断路器”图元，鼠标会变成“断路器”的图元。移动鼠标至目标杆塔，杆塔出现红色小点“●”后，拖动断路器的另一端悬挂于导线，点击左键绘制断路器。

步骤3：断路器命名。断路器绘制成功后，会弹出“新增柱上断路器”命名界面。命名界面有“名称”和“简称”两种称谓，系统默认的名称为“杆塔名称+断路器”；若填写简称，则图上将优先显示设备简称。点击“确定”后，断路器新建成功。

步骤4：台账维护。选择断路器，点击“设备卡片”进入编辑台账界面，断路器的台账也由五大参数构成：运行参数、物理参数、资产参数、调控运行参数和其他参数。标记“*”为必填项。

运行参数：断路器的维护班组、使用性质、运行状态等参数，断路器运行参数如图5-14所示。

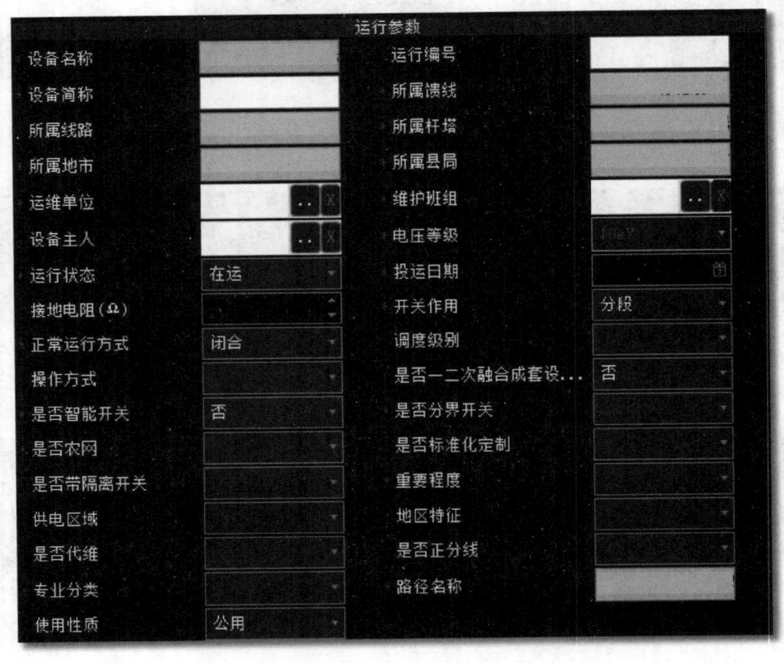

图5-14　断路器运行参数

（1）运行状态和运行方式。新建的断路器，运行状态默认为“在运”、正常运行方式默认为“闭合”。当运行状态改为“未投运”、使用性质改为“断开”时，断路器的图形也将发生变化。“在运”状态的断路器与“未投运”状态的断路器如图 5－15 所示。“闭合”状态的断路器与“断开”状态的变压器如图 5－16 所示。

图 5－15 “在运”状态的断路器与“未投运”状态的断路器

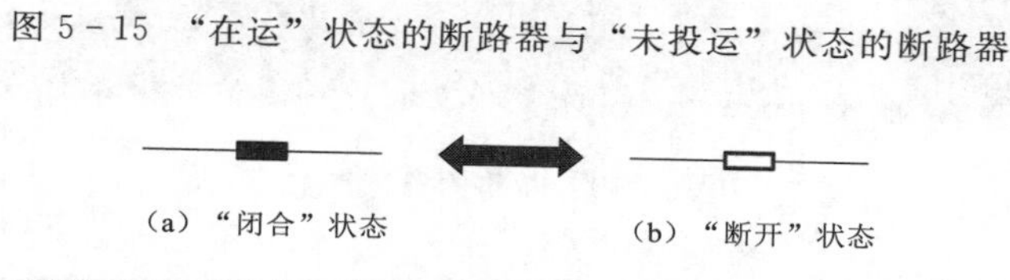

（a）“闭合”状态　（b）“断开”状态

图 5－16 “闭合”状态的断路器与“断开”状态的变压器

（2）柱上断路器作用及正常运行方式。对于非联络断路器，开关作用可以选“分支”“分段”“保护”等，正常运行方式为“闭合”；对于联络断路器，开关作用选“联络”，正常运行方式为“断开”。请根据现场实际，正确匹配断路器的作用。

物理参数：断路器的基本参数。断路器物理参数如图 5－17 所示。物理参数信息可以从断路器的铭牌上获取，断路器铭牌如图 5－18 所示。

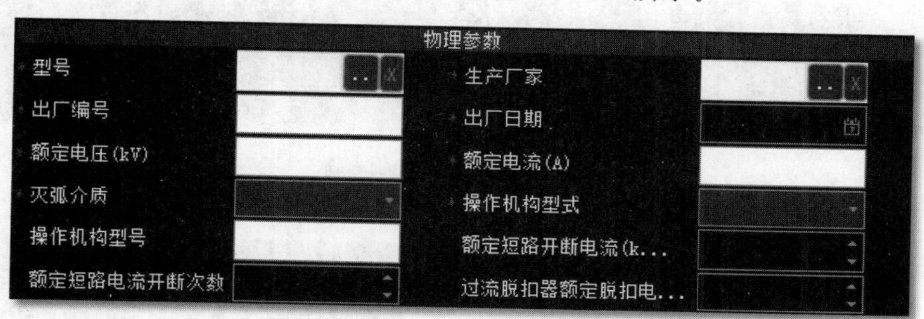

图 5－17 断路器物理参数

资产参数：断路器的资产性质、单位、实物 ID 等资产归属的参数。断路器资产参数如图 5－19 所示。若使用性质为“专用”时，资产性质须改为“用户”。

调控运行参数：断路器的调控运行监控权。断路器调控运行参数如图 5－20 所示。

其他参数：台账的创建时间、来源等其他参数。断路器其他参数如图 5－21 所示。

5.2.2 开关置位

“开关置位”与台账中“正常运行方式”字段的功能类似，可以控制断路器的闭合与断开，开关位置如图 5－22 所示。

一二次融合成套柱上断路器

型　　号	ZW20A-12/630-20		
适用标准	GB1984-2003	额定电压	12kV
额定电流	630A	额定频率	50Hz
额定短路关合电流	50kA		
额定短路开断电流	20kA		
额定短时耐受电流	20kA/4s		
工频耐压（1min对地/端口）	42/48kV		
雷电冲击耐受电压	75kV/85kV		
额定操作顺序	分-0.3S-合分-180S-合分		
CT 变比	200/5 400/5 600/5		
零序变比	20/1		
重　　量	120 kg		
产品编号	1507×××××		
生产日期	20230610		

××电子股份有限公司

图 5－18 断路器铭牌

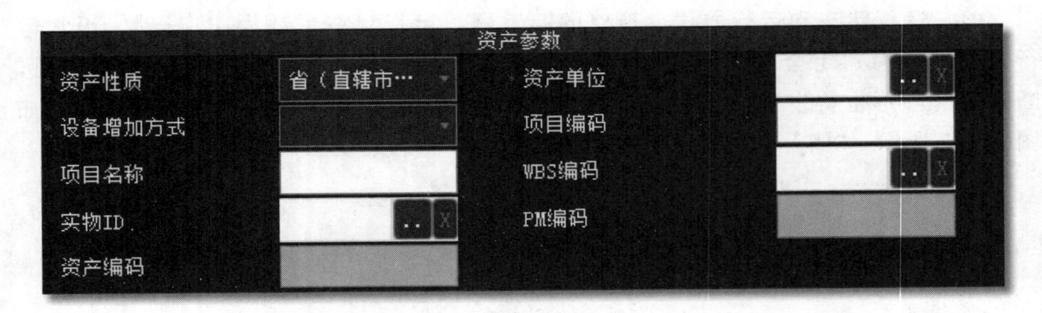

图 5 - 19　断路器资产参数

图 5 - 20　断路器调控运行参数

图 5 - 21　断路器其他参数

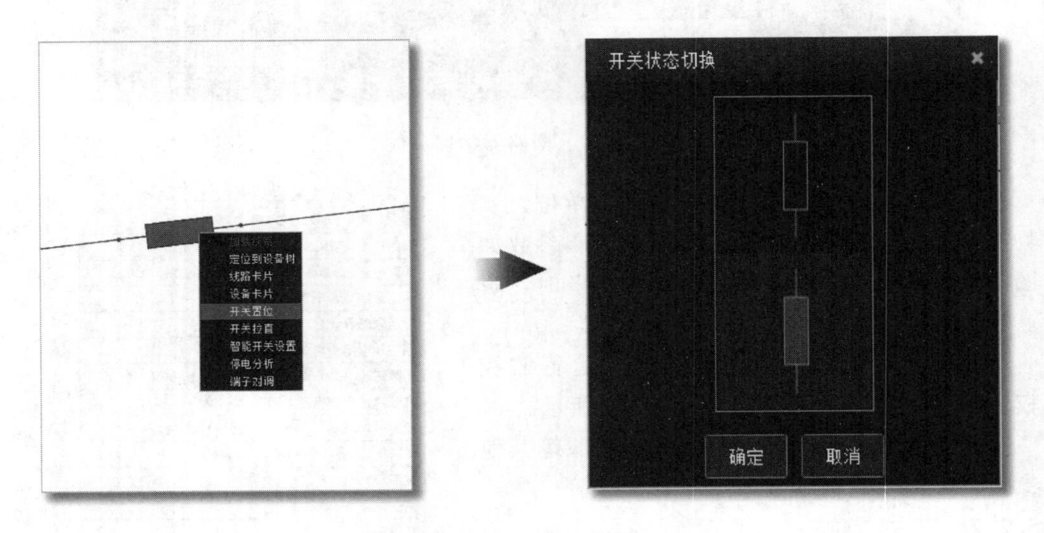

图 5 - 22　开关置位

5.2.3　开关拉直

“开关拉直”是一个美化功能，可以将断路器所在的线段拉直为一条直线，开关拉直如图 5-23 所示。

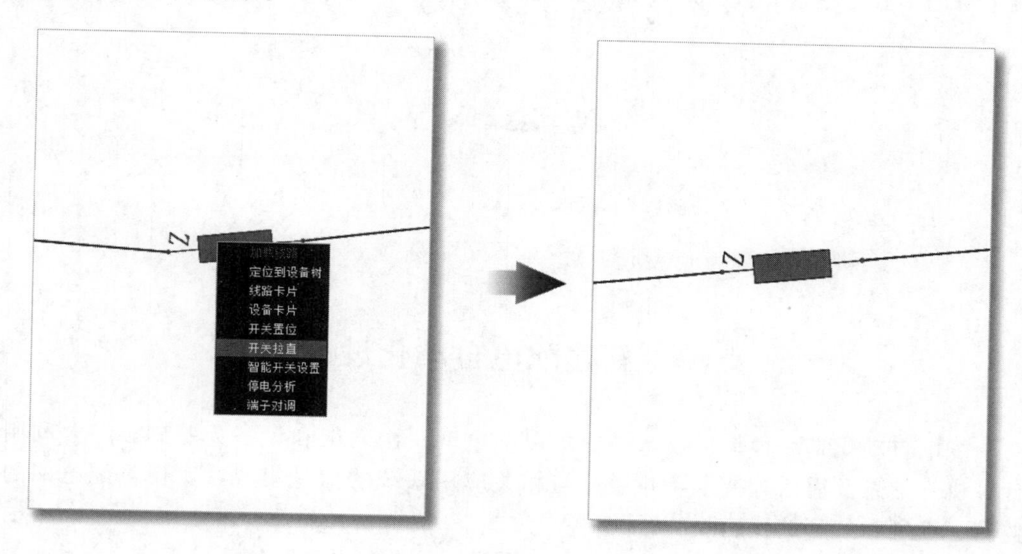

图 5-23 开关拉直

5.2.4 智能开关设置

“智能开关设置”可以将普通断路器更改为“智能断路器”，智能开关设置如图 5-24 所示。

图 5-24 智能开关设置

5.2.5 端子对调

若断路器图形出现了错误，可以尝试使用“端子对调”功能，将断路器的两个端子对调来修复错误，段子对调如图 5-25 所示。

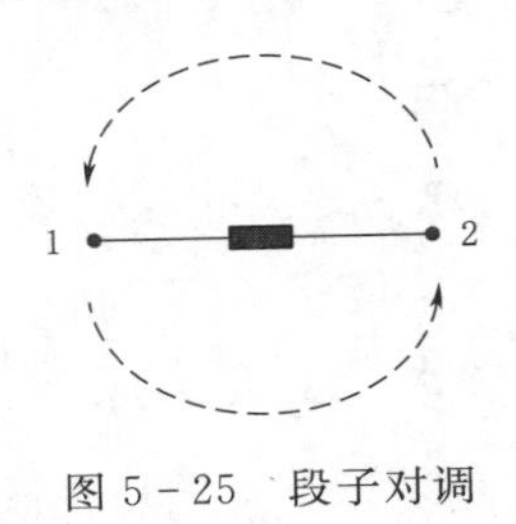

图 5-25　段子对调

5.3　新建配电自动化设备

配电自动化是一种新兴技术，是指以配电网一次网架和设备为基础，综合利用计算机、信息及通信等技术，并通过与相关应用系统的信息集成，实现对配电网的监测、控制和故障的快速隔离。

目前，同源已经更新多种自动化设备图元，助力配电自动化建设工作。

5.3.1　新建 FTU 断路器

FTU：馈线测控终端（feeder terminal unit，FTU），是装设在断路器等开关旁的监控装置。断路器加装 FTU 组成 FTU 断路器后，可以实现远程遥控等功能。FTU 与智能断路器图元分别如图 5-26 和图 5-27 所示。

图 5-26　FTU 图元　　　　图 5-27　智能断路器图元

有两种方法可以将普通断路器改为智能断路器：

方法一：绘制断路器后，点击设备卡片，在“运行参数”分类下将“是否智能开关”字段更改为“是”，点击保存后即可，FTU 断路器设置如图 5-28 所示。

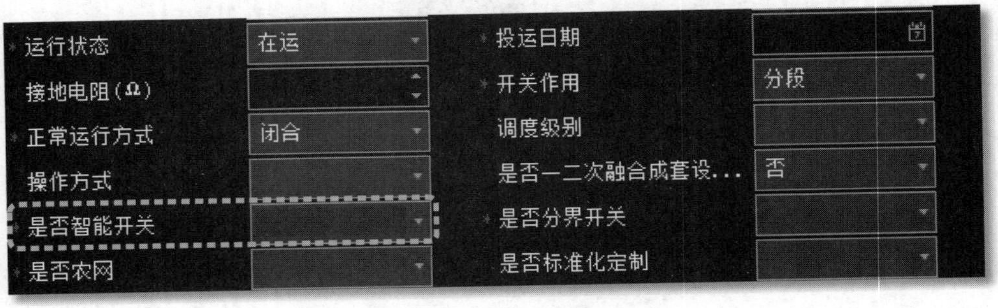

运行状态	在运	投运日期	
接地电阻(Ω)		开关作用	分段
正常运行方式	闭合	调度级别	
操作方式		是否一二次融合成套设...	否
是否智能开关		是否分界开关	
是否农网		是否标准化定制	

图 5-28　FTU 断路器设置

方法二：选中新建断路器，点击右键调出功能菜单，点击“智能开关设置”，将是否智能开关选为“是”，智能断路器设置如图 5-29 所示。

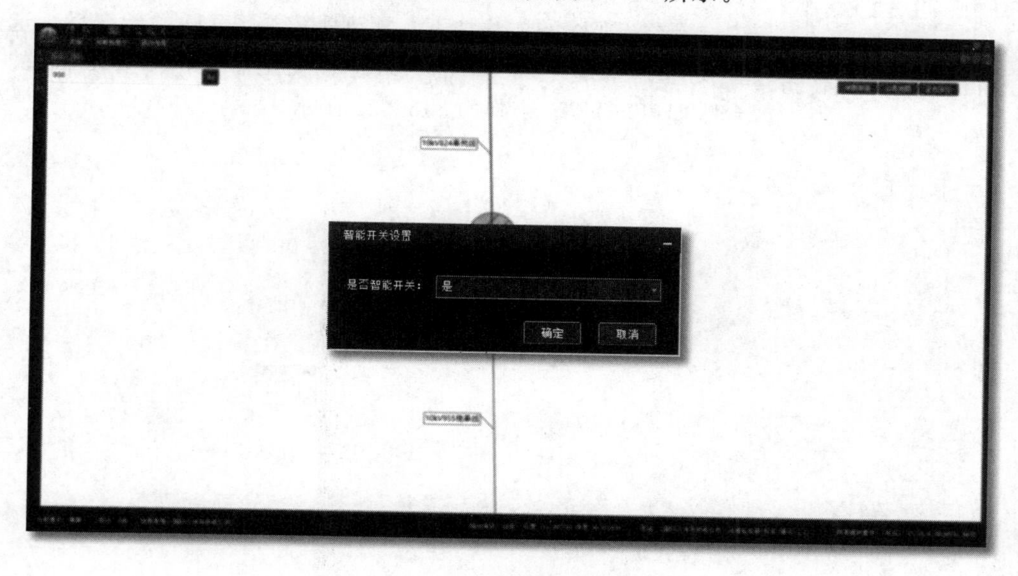

图 5-29　智能断路器设置

新建 FTU 的方法与断路器是一样的：在图元栏中选择 FTU，然后将 FTU 的一端挂在断路器上，之后补全 FTU 台账信息，FTU 绘制如图 5-30 所示。

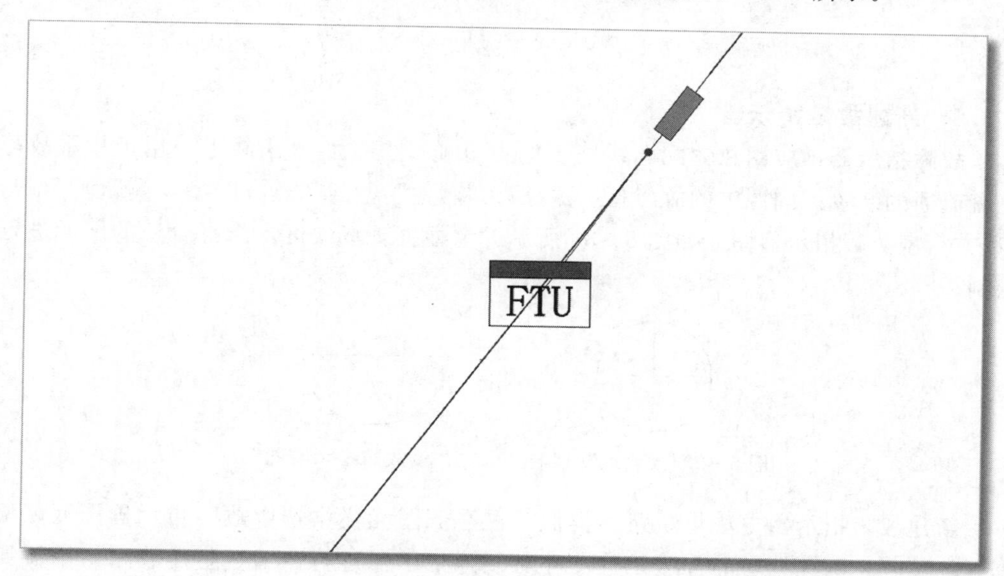

图 5-30　FTU 绘制

5.3.2　新建 TTU

TTU：配电变压器监测终端（distribution transformer supervisory terminal

图5-31　TTU图元

unit，TTU)，是装设在配电变压器端用于信息采集和控制的装置。TTU图元如图5-31所示。

新建TTU的方法如下：找到需安装TTU的配变后，选择TTU图元，将TTU的一端挂在变压器上，补全TTU的台账即可，TTU绘制如图5-32所示。

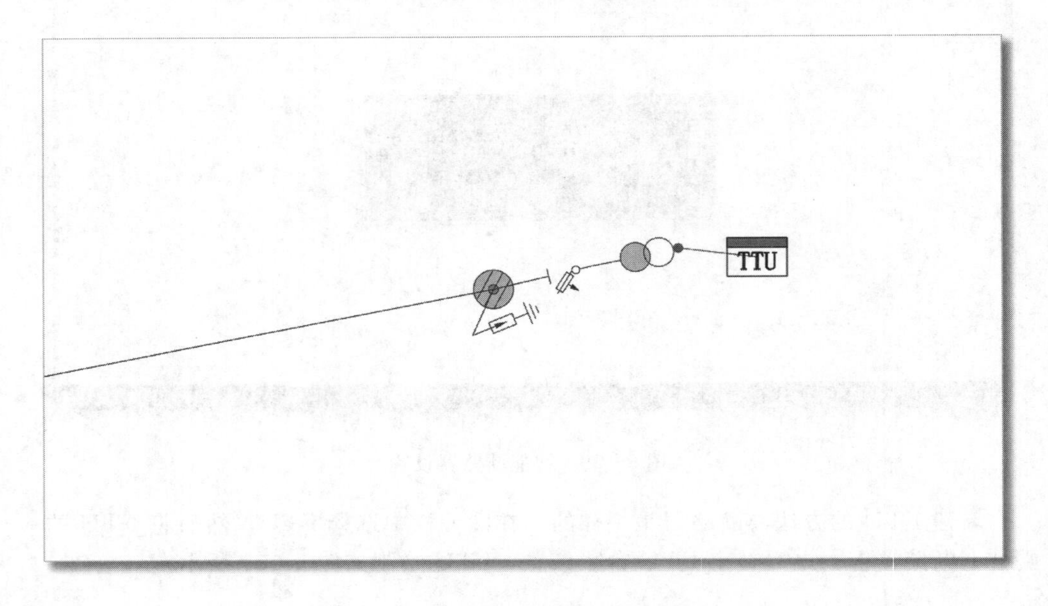

图5-32　TTU绘制

5.3.3　新建故障指示器

故障指示器：应用在输配电线路、电力电缆及开关柜进出线上，用于指示故障电流流通的装置。同源中的故障指示器分为“就地”型与“远方”型，“就地”型与“远方”型故障指示器图元如图5-33所示，请根据现场实际，选择合适的图元进行绘制。

图5-33　“就地”型与“远方”型故障指示器图元

新建故障指示器方法与断路器类似：在左侧图元栏中选中故障指示器图元，根据现场实际，画在杆塔的合适位置，并对故障指示器进行命名，新建故障指示器如图5-34所示。

点击“设备卡片”，进入故障指示器的台账维护界面，补全台账信息，故障指示器台账如图5-35所示。

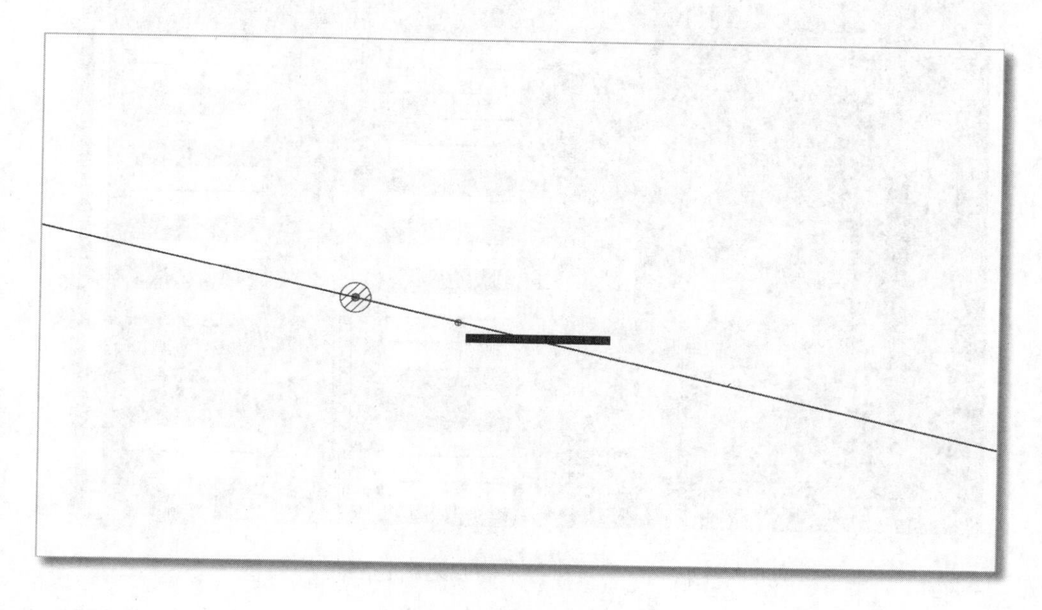

图 5-34　新建故障指示器

编辑台账

故障指示器终端-ID:Td32pPtSeoiIpP9J6h02Xk

运行参数

名称		运行编号	
所属地市		所属县局	
运行单位		维护班组	
运行状态	在运	电压等级	10kV
投运日期		设备主人	
使用性质	公用	关联导线段	
关联杆塔	1号杆	终端逻辑地址	
类型(架空/电缆)	架空		

台账字段：● 必填 ○ 所有　终端装接　台账导出　保存　取消

图 5-35　故障指示器台账

点击左下方“终端装接”按钮，将逻辑地址、SIM卡号等通信信息填写完整后，故障指示器便可以与自动化主站对接，故障指示器汇集单元信息如图 5-36 所示。SIM卡信息如图 5-37 所示。

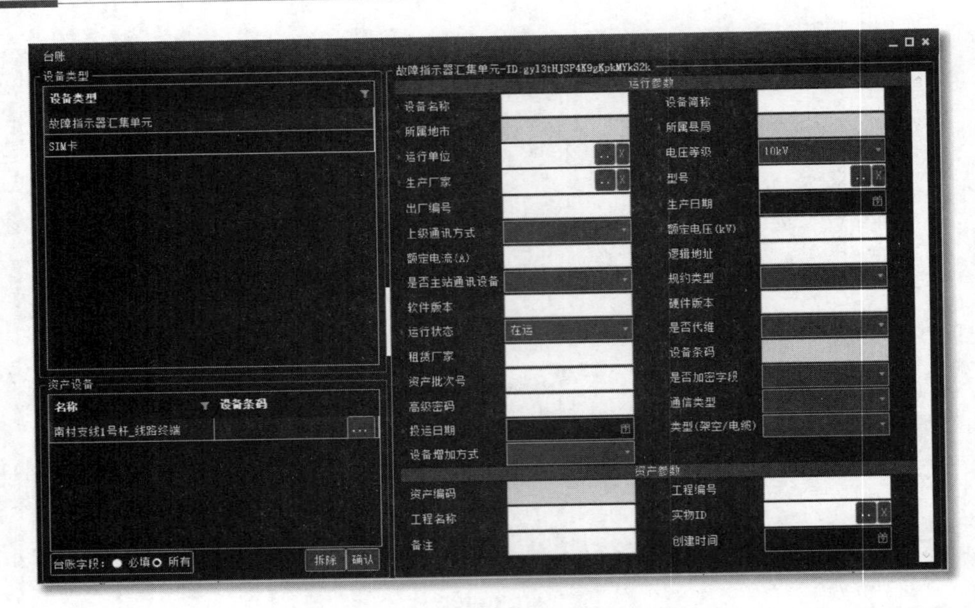

图 5 - 36　故障指示器汇集单元信息

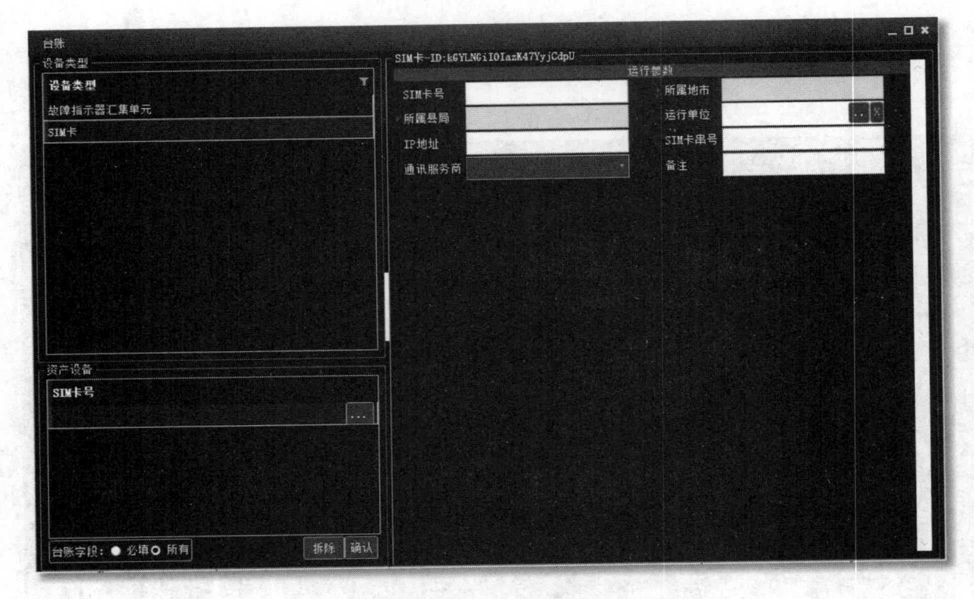

图 5 - 37　SIM 卡信息

5.4 维 护 设 备

5.4.1 删除设备

对已经不存在或绘制错误的设备，可以使用“删除设备”功能删除，或按键盘 Delete 键删除，删除设备如图 5 - 38 所示。

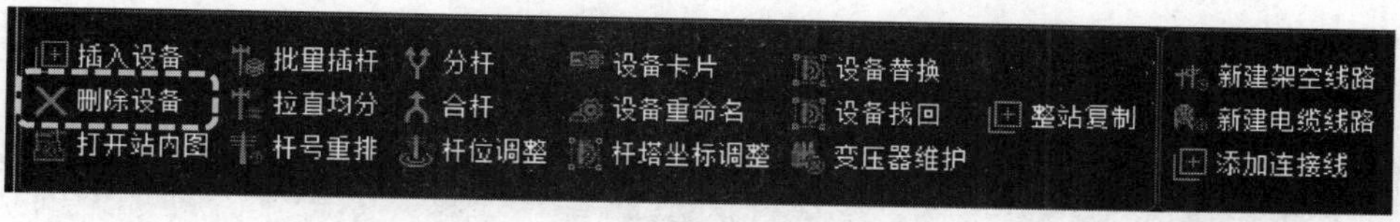

图 5-38 删除设备

删除变压器时，会有“删除”和“退役”两个选项。

选择删除：只删除图形，台账信息并不会从系统中抹除，可以用“设备找回”功能找回。若此异动流程已经发送并结束，则被删除的设备将无法找回。

选择退役：删除的图形和台账信息，将变压器退役至设备库中，留作他用。

注意：当变压器下挂接低压台区时无法删除或退役。

5.4.2 设备重命名

柱上设备可以使用“设备重命名”功能重新修改设备名称，同一条馈线下线路名称不允许重名，设备重命名如图 5-39 所示。

图 5-39 设备重命名

注意：设备经过重命名或修改简称后，只有涉及带资产的设备才会启用调图流程，不涉及带资产的设备不触发调图。

5.4.3 设备替换

“设备替换”会将原设备的资产退役，并生成一个新的资产，设备替换如图 5-40 所示。此功能适用于变压器增容、轮换等情况。

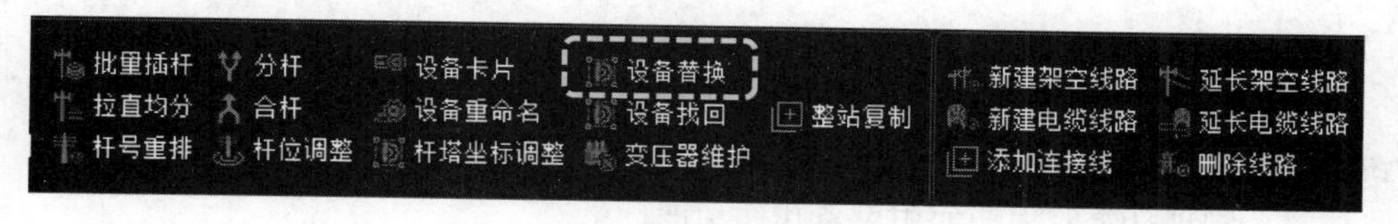

图 5-40 设备替换

具体操作如下：

选择一个设备，点击“设备替换”按钮，会弹出设备替换界面。设备替换界面有“再利用设备”和“新设备”两个选择。

若选择“新设备”，系统则会将原设备的资产退役，并生成一个新的资产。

若选择“再利用设备”，系统将会弹出“库存备用设备查询”界面，输入设备名称、设备编码等信息，点击“查询”按钮来查找在之前存放在备用库中的旧设备，库存备用设备查询如图 5-41 所示。

5.4.4 设备找回

当遇到异常的设备，通过“改切”功能也无法解决问题时，可以将原设备删除，

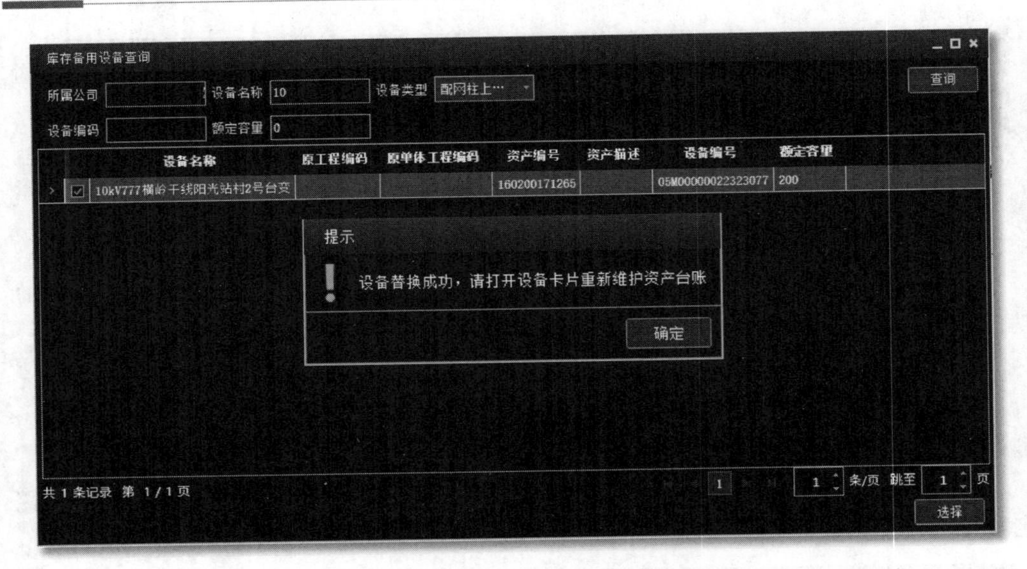

图 5 - 41　库存备用设备查询

然后新增一个同类型设备，再通过“设备找回”功能找回原设备的信息，设备找回如图 5 - 42 所示。设备找回功能支持找回架空线、电缆段、变压器、站房等各类设备。

图 5 - 42　设备找回

具体操作如下：

异动流程内，将旧设备删除并绘制新设备后，选择新设备，点击“设备找回”按钮，搜索原设备，点击找回即可，设备找回界面如图 5 - 43 所示。

注意：物理杆暂时无法使用设备找回功能。

5.4.5　改切

柱上设备可以使用“切改”功能，将设备从一基杆塔切至另一基杆塔，改切柱上变压器如图 5 - 44 所示。

提示：

(1) 选择与变压器相连的跌落式熔断器，可以将变压器和跌落式熔断器一起改切。

(2) 移动柱上断路器不需要使用改切功能，直接将断路器拖曳至目标杆塔即可。

5.4.6　专变营配对应

若变压器的使用性质为“专用”，则需要绑定该专变的营销户号，做到营配对应。具体操作如下：

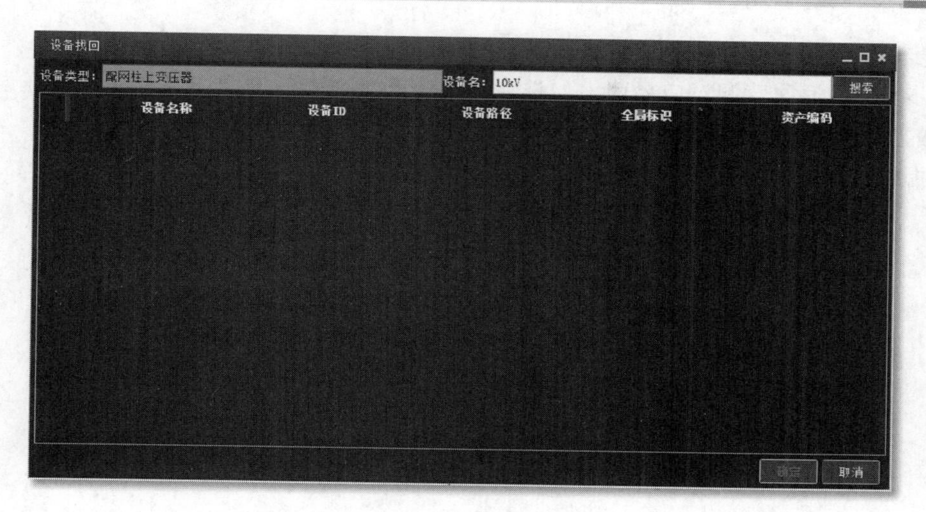

图 5-43 设备找回界面

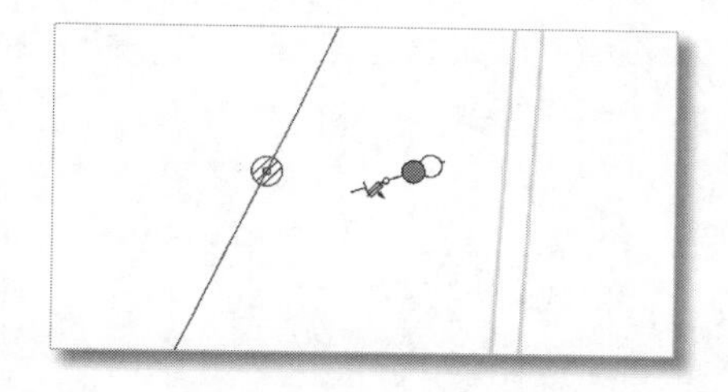
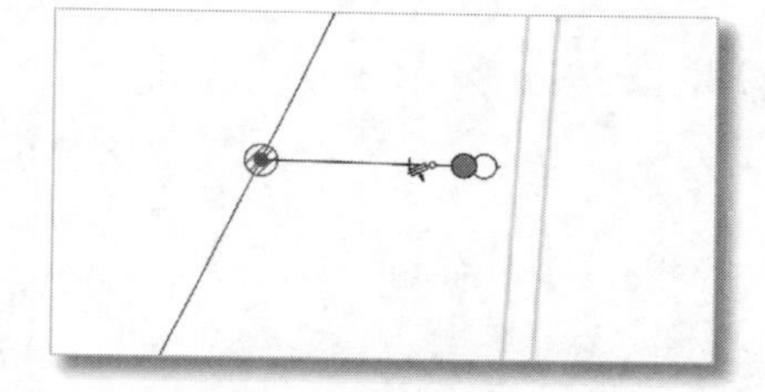

图 5-44 改切柱上变压器

步骤1：选中变压器，右键调出功能菜单点击“营配贯通”，再弹出“营配对应”。在“营销用户绑定”一栏中，选择“新增用户”，弹出“选择用户”界面，专变营配对应如图 5-45 所示。

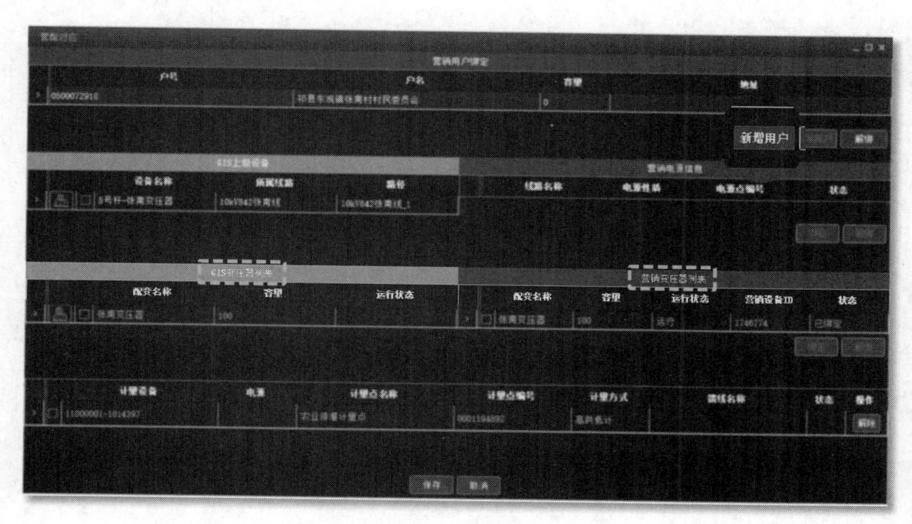

图 5-45 专变营配对应

步骤 2：在选择用户界面输入户名或户号进行查找后，绑定营销户号。

步骤 3：返回营配对应界面，勾选“GIS 变压器列表”的配变与“营销变压器列表”的配变，点击“绑定”按钮，保存即可。

提示：此操作需要在“营销维护”流程下进行。

第6章　站　房　设　备

在本章将介绍如何在同源中新建站房设备、站内母线、间隔以及维护台账等。当然，这一切必须在异动流程内进行，新建异动流程的步骤在第3章有详细的讲解，这里不再赘述。

6.1　新建站房设备

电力站房：放置关键电力设备如变压器、开关、电缆及附属等的建筑物，根据功能不同可以分为环网箱、配电室和开闭所等。

环网箱：环网箱是一组输配电气设备（高压开关设备），装在金属或非金属绝缘柜体内或做成拼装间隔式环网供电单元的电气设备，也称环网柜、开关柜等。环网箱的图元为一个内有“HW”（环网）字母的矩形，环网箱图元如图6-1所示。

电缆分支箱：电缆分支箱是配电线路中，电缆与电缆、电缆与其他电气设备连接的中心部件。电缆分支箱的图元为一个内有“DF”（电分）字母的矩形，电缆分支箱图元如图6-2所示。

箱式变电站：是一种把高压开关设备配电变压器、低压开关设备、电能计量设备和无功补偿装置等按一定的接线方案组合在一个或几个箱体内的紧凑型成套配电装置，简称箱变。箱变的图元有“欧式（XB）”与“美式（ZB）”之分，箱式变电站图元如图6-3所示。

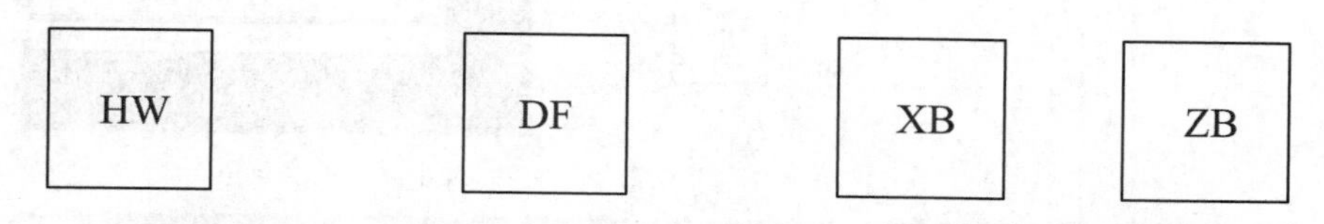

图6-1　环网箱图元　　图6-2　电缆分支箱图元　　图6-3　箱式变电站图元

配电室：安装额定工作电压为1000V以上电力配电装置的房间。配电室的图元为一个内有“PD”（配电）字母的矩形，配电室图元如图6-4所示。

开关站：于接收电力并分配电力的供配电设施，俗称“开闭所”。开关站的图元为一个内有“KG”（开关）字母的矩形，开关站图元如图6-5所示。

与柱上设备不同的是，站房与站房、站房与杆塔之间必须用电缆连接。这里以欧式箱变为例，介绍如何新建站房设备。

图 6－4　配电室图元　　　图 6－5　开关站图元

步骤 1：点击图元栏中的“欧式箱变”图元，在地图上选择合适的位置并单击，开关站图元如图 6－6 所示。

图 6－6　开关站图元

步骤 2：编辑名称和简称，点击确定。当填写简称时，设备会优先显示设备简称，新增箱式变如图 6－7 所示。

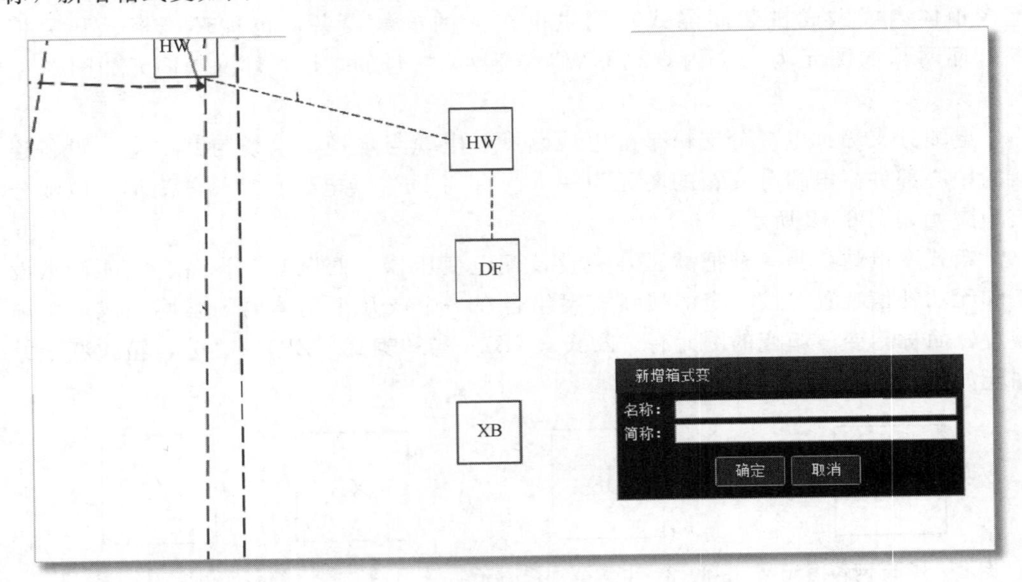

图 6－7　新增箱式变

步骤 3：将箱变连接到其他站房或杆塔上，这里必须用电缆连接。点击开始菜单栏中“新建电缆线路”按钮，选择“新建支线”或“继承线路”，绘制一条电缆段与站房相连接。

步骤 4：台账维护。新建站房以后，需要维护台账，选择箱变，点击“设备卡片”进入编辑台账界面。箱变的台账由三部分构成：运行参数、资产参数和其他参数。部分台账信息会自动生成，有些则需要人工录入，标记“*”为必填项。

运行参数：箱变的生产厂家、维护班组、使用性质和运行状态等参数，箱变运行参数如图 6-8 所示。部分参数可以从箱变的铭牌上获取，箱变铭牌如图 6-9 所示。

运行参数

参数	值	参数	值
*设备名称		运行编号	
*所属地市		*所属县局	
*运维单位		*维护班组	
*运行状态	在运	是否代维	
*是否具有环网	否	*生产厂家	
*生产日期		布置方式	
接地电阻(Ω)		*地区特征	
设备主人		供电区域	
是否地下底层		功能位置编码	
*电压等级	10kV	*是否农网	
*箱变类型	欧式箱变	*型号	
*出厂编号		*投运日期	
*配变总容量(kVA)	630.000	*站址	
*重要程度		*专业分类	
是否标准化定制		是否地下配电站房	
使用性质	公用	无功补偿容量	

图 6-8　箱变运行参数

预 装 式 变 电 站

产品型号	YB-10/0.4-630KVA	执行标准	GB/17467-2020
额定工作电压	10/0.4 KV	变压器容量	630kVA
额定电流	36.37A/909.35A	雷电冲击耐受电压	75kV
额定频率	50Hz	防护等级	IP44
制造日期	2023年06月	出厂编号	20230610

× × 工 程 有 限 公 司

图 6-9　箱变铭牌

新建的箱变使用性质默认为“公用”、运行状态默认为“在运”。当运行状态改为“未投运”、使用性质改为“专用”时，箱变的图形也将发生变化，“在运”状态的箱变与“未投运”状态的箱变如图 6-10 所示。公用箱变与专用箱变如图 6-11 所示。

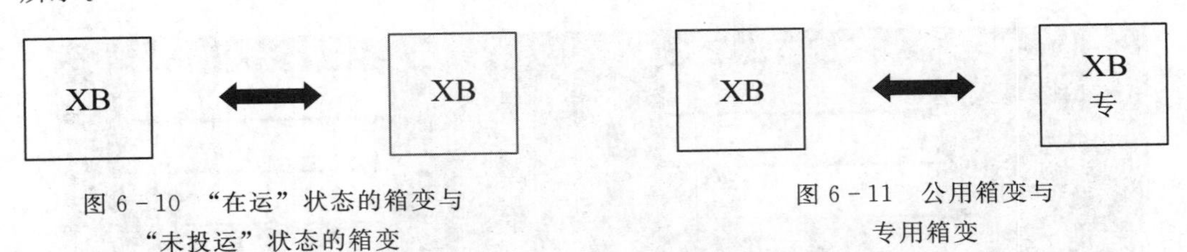

图 6-10 “在运”状态的箱变与“未投运”状态的箱变

图 6-11 公用箱变与专用箱变

资产参数：变压器的资产性质、单位、实物 ID 等资产归属的参数，箱变资产参数如图 6-12 所示。若使用性质为“专用”时，资产性质须改为“用户”。

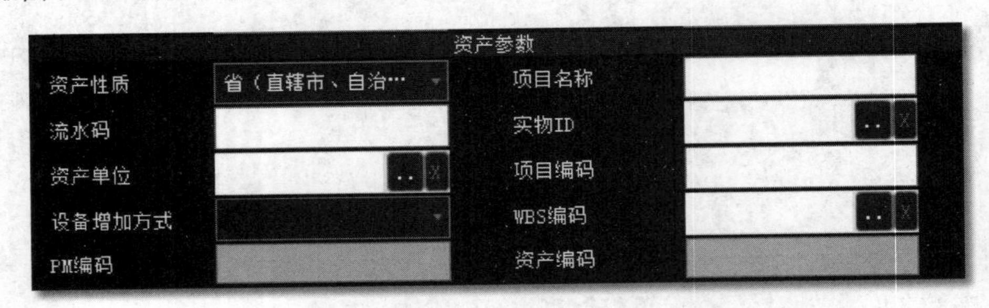

图 6-12 箱变资产参数

其他参数：台账的创建时间、来源等其他参数。箱变其他参数如图 6-13 所示。

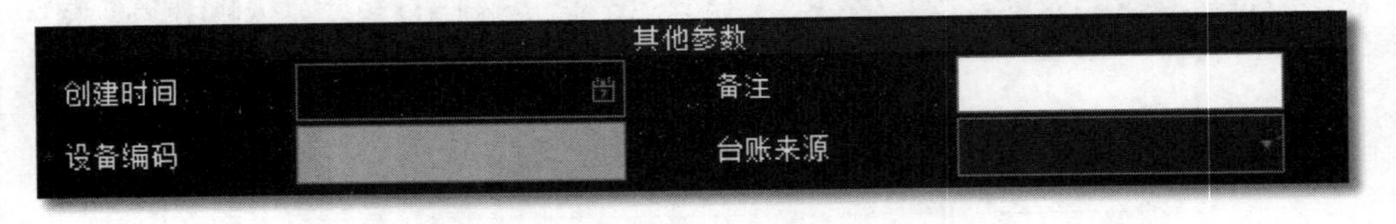

图 6-13 箱变其他参数

其他站房的绘制方法与此类似，这里不再赘述。

6.2 新建站内设备

新建站房以后，还需要在站房内部添加母线和间隔。选中站房以后，点击“开始”菜单下“打开站内图”按钮，或选中站房右键调出功能菜单，点击“打开站内图”，即可进入站内，打开站内图如图 6-14 所示。

6.2.1 新建母线

母线：负责在站房中各级电压配电装置的连接，以及变压器等电气设备和相应

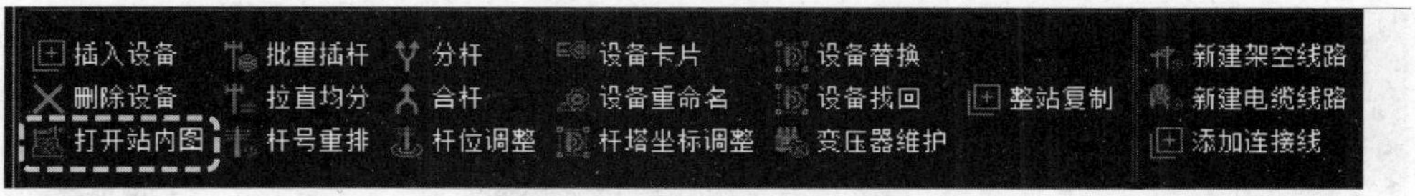

图 6-14　打开站内图

配电装置的连接，起汇集、分配和传送电能的作用。这里以环网箱为例来添加母线，添加母线如图 6-15 所示。

图 6-15　添加母线

点击“添加母线”按钮，网格图上单击左键确定母线起始点（起始点必须是站内网格最大比例的交会点），移动鼠标，绘制过程中实时显示母线轨迹，右键单击结束，弹出母线命名界面，创建母线如图 6-16 所示。输入完成后，创建母线成功，母线呈选中状态。

图 6-16　创建母线

选择母线，点击“设备卡片”进入编辑台账界面。母线的台账由四部分构成：运行参数、物理参数、资产参数和其他参数。部分台账信息会自动生成，有些则需要人工录入，标记“*”为必填项。

运行参数：母线的维护单位、使用性质、运行状态等参数。母线运行参数如图 6-17 所示。

运行参数			
母线名称		所属电站	
所属地市		所属县局	
运维单位		维护班组	
电压等级	10kV	投运日期	
组合设备名称		重要程度	
是否农网		运行编号	
间隔单元		设备主人	
运行状态	在运	组合设备类型	
是否代维		地区特征	
专业分类		使用性质	公用

图 6-17　母线运行参数

物理参数：母线的基本参数。母线物理参数如图 6-18 所示。物理参数信息可以从母线的制造商处获取。

物理参数			
型号		出厂编号	
出厂日期		长度(m)	
生产厂家		母线载流量(A)	
母线材质		截面规格（mm^2）	

图 6-18　母线物理参数

资产参数：母线的资产性质、单位、实物 ID 等资产归属的参数，母线资产参数如图 6-19 所示。若使用性质为“专用”时，资产性质须改为“用户”。

资产参数			
资产性质	省（直辖市、自治区…	项目名称	
流水码		实物ID	
资产单位		项目编码	
设备增加方式		WBS编码	
PM编码			

图 6-19　母线资产参数

其他参数：台账的创建时间、来源等其他参数。其他资产参数如图 6-20 所示。

图 6-20　其他资产参数

6.2.2　新建母联

母联：母联是母线与母线间的联络，将两条母线连接起来可以提高供电可靠性。母联一般配有隔离开关和断路器。

步骤 1：绘制两条母线。在母联Ⅰ和母线Ⅱ上分别创建一个母分间隔，然后在间隔上插入一个隔离开关或者断路器。

步骤 2：点击“添加母联”，连接两个母分间隔，添加母联如图 6-21 所示。

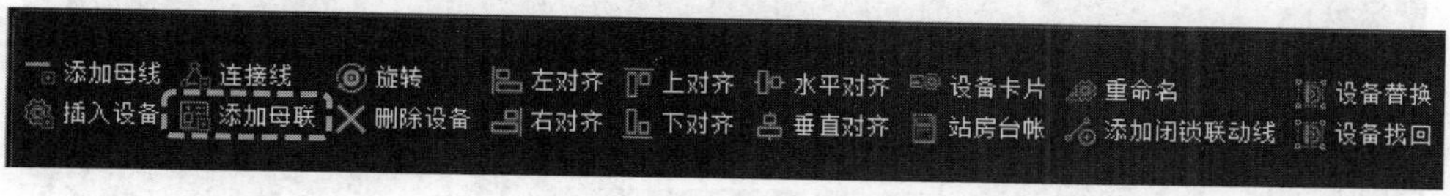

图 6-21　添加母联

步骤 3：在母线Ⅰ创建联络变间隔，点添加母联后系统自动捕捉联络变端点移动鼠标到母线上，点击左键完成，新建母联如图 6-22 所示。

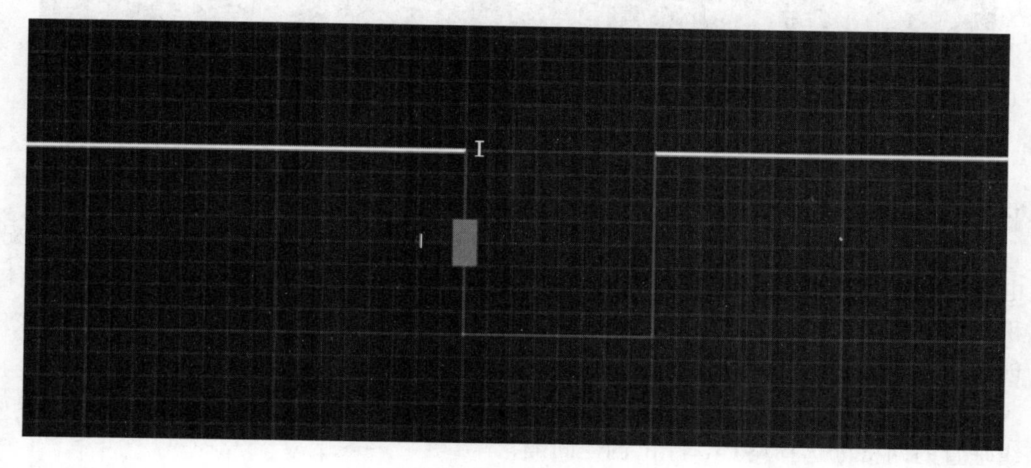

图 6-22　新建母联

6.2.3　新建间隔

间隔：从母线到一个出线点之间的所有设备称为间隔。在同源中，间隔是一个虚拟的概念，由断路器、隔离开关、互感器和避雷器等组成一个完整的电气单元。

点击“创建间隔”，然后在母线上选择起点，然后在与母线垂直的网格上选择终点，创建间隔如图 6-23 所示。弹出创建间隔菜单，选择间隔类型，根据选择的间隔类型不同，所需填写的信息也不同。

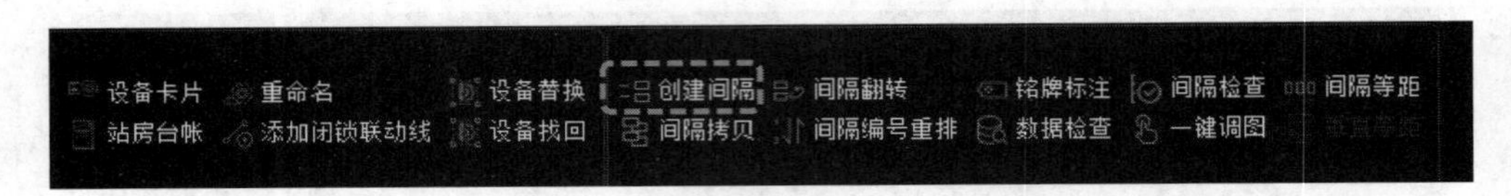

图6-23　创建间隔

以进线间隔为例：间隔编号是按间隔数量默认生成的，进线点名称和站外线路名称可填，选择站外线路名称会默认间隔名称和进线点名称，也可根据实际需求进行修改，间隔信息如图6-24所示。

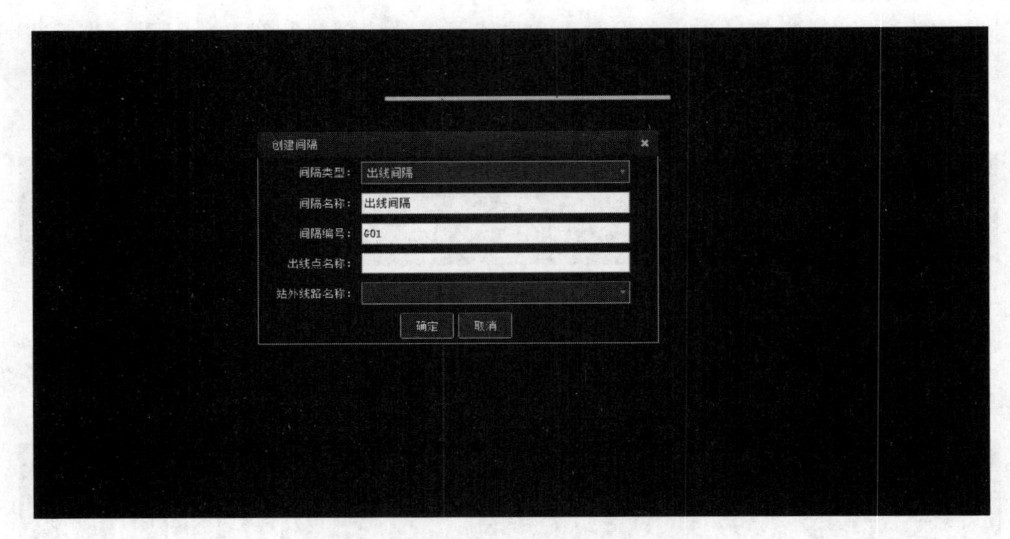

图6-24　间隔信息

6.2.4　新建配电变压器间隔

配电变压器：在同源中，为了与柱上变压器相区别，称站房内的变压器为“配电变压器”。与柱上变压器相比，配电变压器设于室内，不受杆塔承重限制，因此体积和容量更大。配电变压器的图元与柱上变压器图元一致，均为两个相连的圆形。创建“变压器间隔”的方法与创建其他间隔的方法类似：

步骤1：新建母线后，点击“创建间隔”，然后在母线上选择起点，然后在与母线垂直的网格上选择终点，弹出创建间隔菜单。

步骤2：选择间隔类型为“变压器间隔”。输入变压器的名称，点击确定，变压器间隔创建完成。

步骤3：线路关系设置。选中变压器，将变压器与站外所属线路对应，线路关系设置如图6-25所示。

步骤4：台账维护。绘制图形后，需要维护台账，配电变压器的台账维护与柱上变压器一致，基本的物理参数可以从变压器铭牌上获取。

注意：环网箱与电缆分支箱内不允许添加配电变压器。

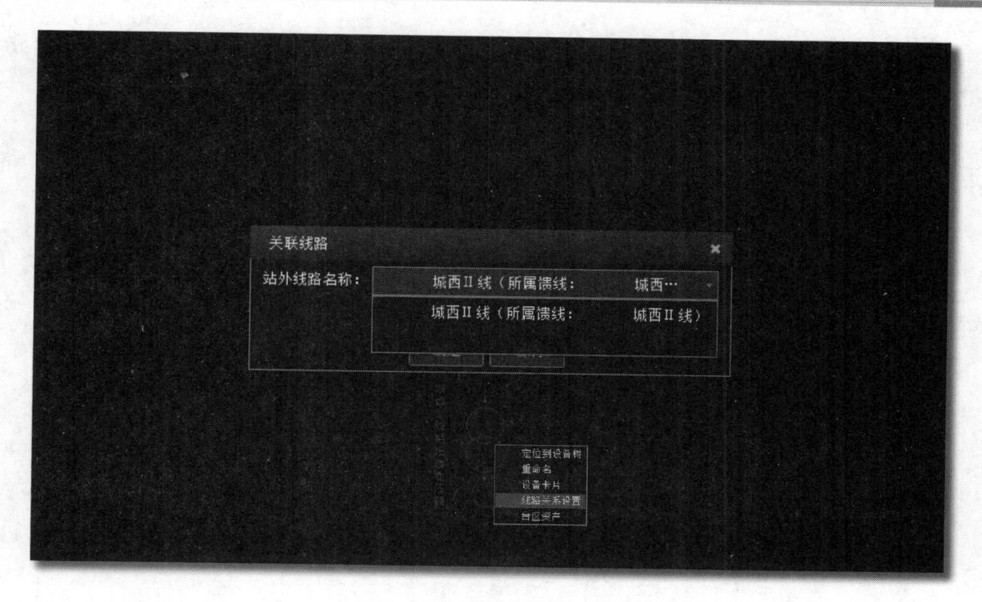

图 6-25　线路关系设置

6.2.5　新建开断类设备

创建间隔以后，还需要结合现场实际，为每一个间隔新建断路器、负荷开关和隔离开关等开断类设备。

点击图元栏中，选择一个设备（以断路器为例），鼠标会变为断路器的图元。将鼠标移至需要添加断路器的间隔，点击左键，将断路器挂在间隔上，绘制站内断路器如图 6-26 所示。

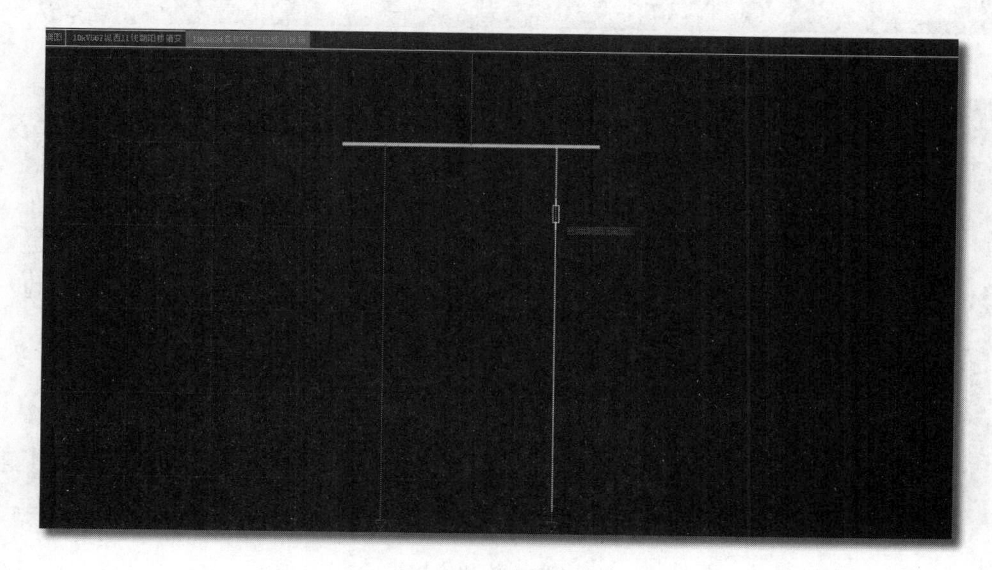

图 6-26　绘制站内断路器

补全断路器的台账。可以在“设备卡片”中单个补全，也可以在“站房台账”中批量补全。

注意：在双电源线路供电的站房中，设置主供电间隔的开关作用为“保护”，正常运行方式“闭合”；设置备供电间隔的开关作用为“联络”，正常运行方式“断开”，双电源间隔设置如图 6－27 所示。

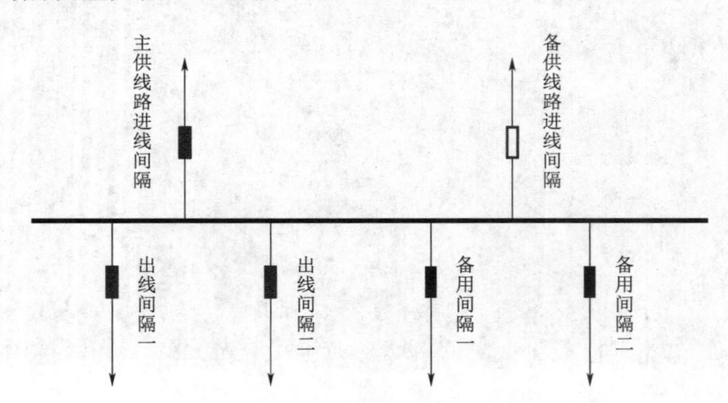

图 6－27　双电源间隔设置

6.2.6　添加连接线

站内连接线是一段虚拟的线路，可以将间隔内的各个设备连接起来，添加连接线如图 6－28 所示。一些杂乱或者错误的连接线，可以删除后重新绘制。

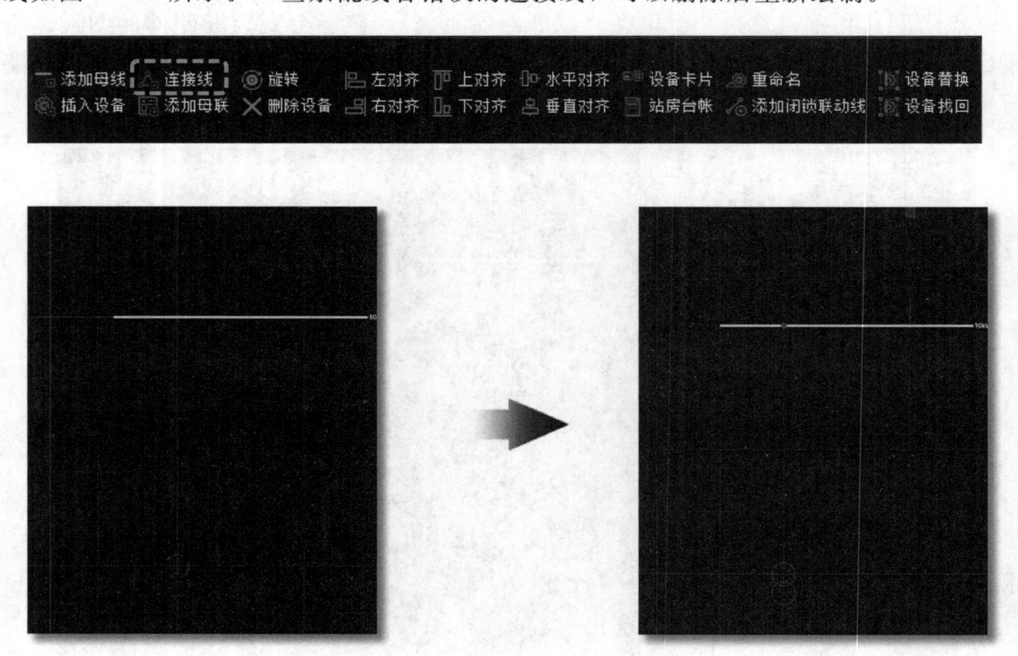

图 6－28　添加连接线

提示：虚拟连接线无法定位至站内设备树。

6.2.7　添加闭锁联动线

为了满足不同用户组合的需求，可以使用该功能把需要组合的设备用虚拟线框在一起，添加闭锁联动线如图 6-29 所示。

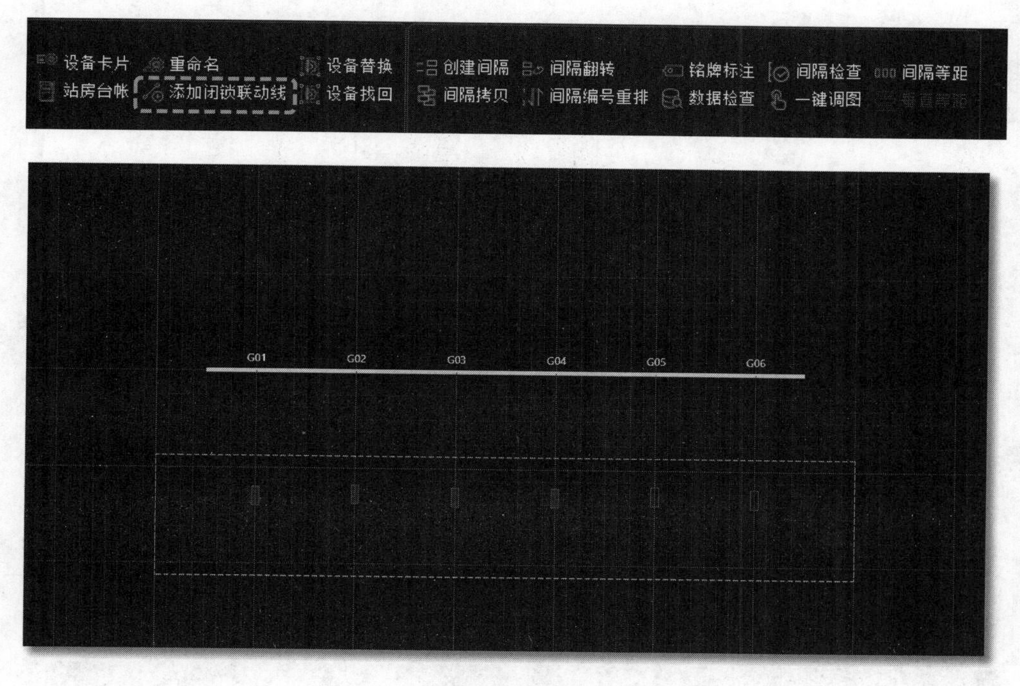

图 6-29　添加闭锁联动线

6.2.8　站内外关联

将站内进出线间隔与站外导线一一对应，使站内设备与站外线路建立拓扑上的连接关系，做到“一线一间隔”。新建站房设备，必须进行站内外关联。下面将介绍如何站内外关联：

从站内返回工作区，选中站房，右键调出功能菜单，点击“站内外关联”按钮，弹出站内外连接关系界面，站内外关联如图 6-30 所示。

（1）列表展示站内外拓扑连接关系。其中“站外线路”显示与站房连接的线路名称；“间隔”展示站内所有的进线间隔与出线间隔，“站内出线点”用下拉列表显示站房出线点的名称集合，站内外关系设置如图 6-31 所示。

（2）红色字体表示“馈入”，表示已与站内进线间隔对应；白色字体表示“馈出”，表示已于站内出线间隔对应；单元格为空表示没有连接出线点对应。

（3）双击表头“站外线路”下的线路名称可以定位站外线路，以绿色显示。

（4）一个出线点只能与一条站外线路连接。

（5）“确定”更新连接关系；“取消”不处理，关闭界面。

提示：若对应关系的下拉菜单为空，可能为站房或站内间隔出现了问题，可参考第 7 章“站房图形类问题”的解决方案。

图 6-30 站内外关联

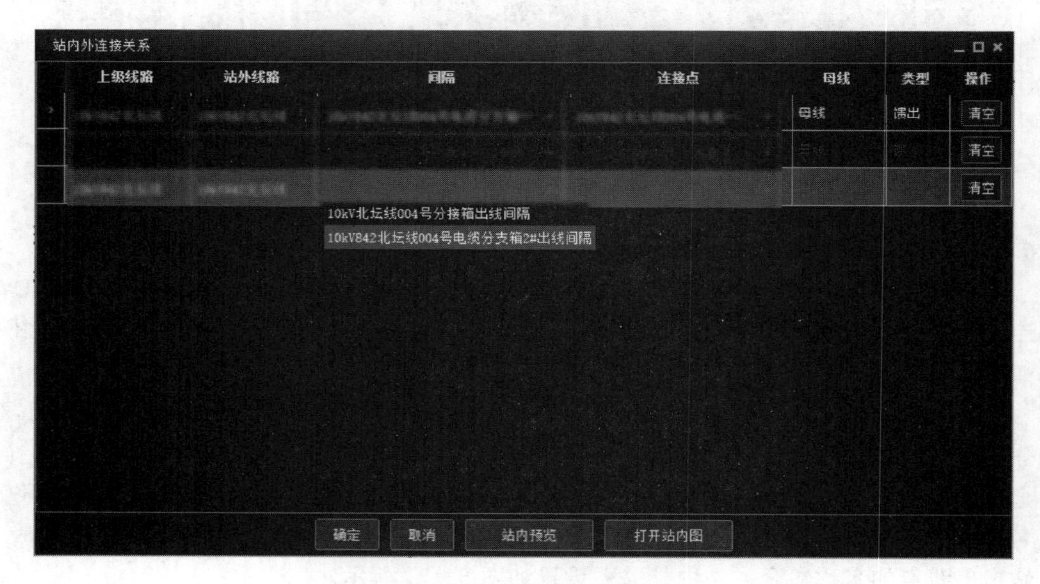

图 6-31 站内外关系设置

6.3 站内设备树

站内设备树与站外的设备树类似，将本站房内的所有设备以树状图呈现。进入异动流程后，站内设备树功能开放，可以进行编辑操作，站内设备树开放如图 6-32 所示。

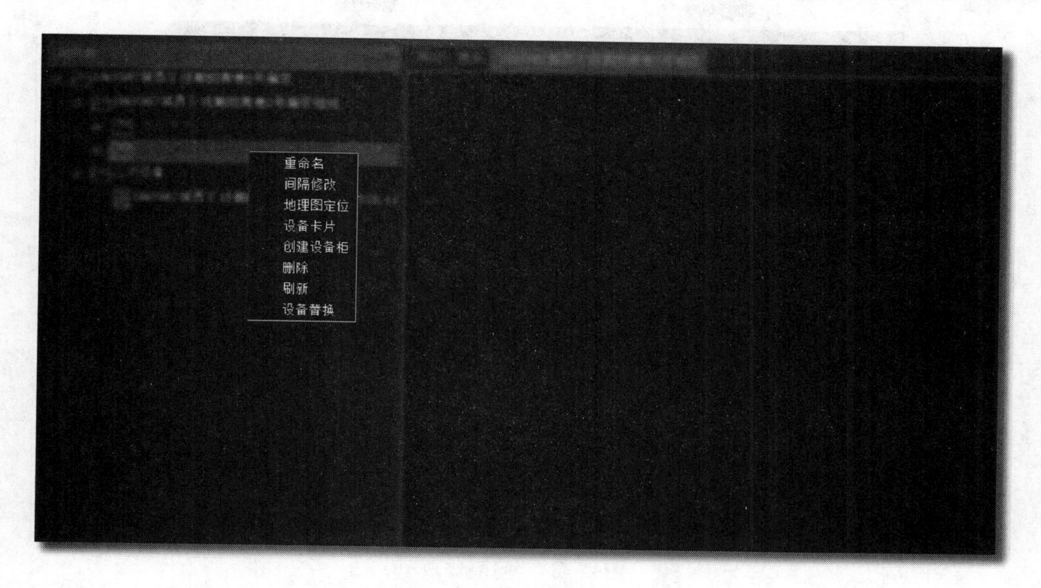

图 6-32　站内设备树开放

打开站内图，点击“+”可以展开下级设备树。

6.3.1　重命名

间隔重命名如图 6-33 所示。

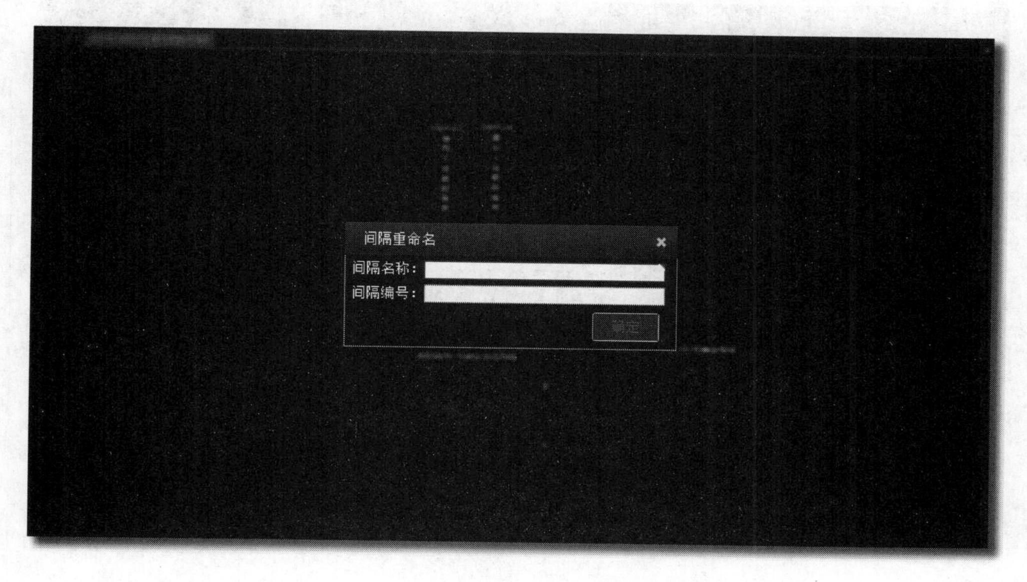

图 6-33　间隔重命名

6.3.2　间隔修改

弹出“间隔设备关系维护”界面，可以对间隔名称、间隔类型、设备名称等进行修改，间隔修改如图 6-34 所示。

间隔设备关系维护

间隔名称：　　间隔类型：

间隔编号：G00　　电压等级：380V

间隔下属设备：

	☑	定位	设备类型	设备名称	简称
	☑		低压站内断路器	低压开关	
	☑		低压站内外连接点		

确定　取消

图 6-34　间隔修改

6.3.3　新建设备柜

新建设备柜功能可以在进出线、变压器、互感器、电抗器等间隔，创建该间隔的设备柜，以满足物资方面建卡的需要，新建设备柜如图 6-35 所示。

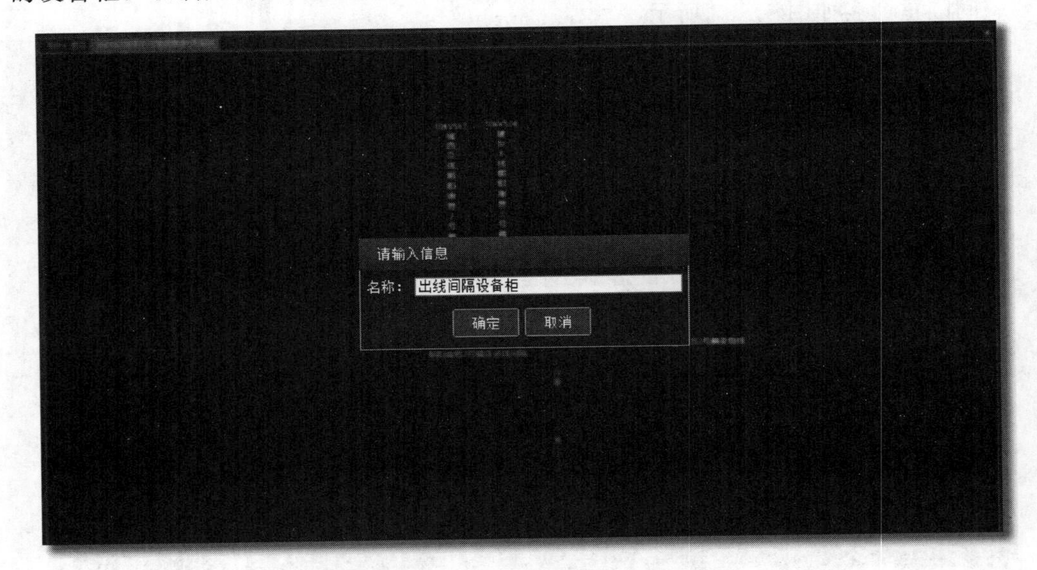

图 6-35　新建设备柜

6.4　站房台账

站房台账与线路台账类似，可以对母线、开关、间隔等站内的设备进行批量编辑，站房台账如图 6-36 所示。

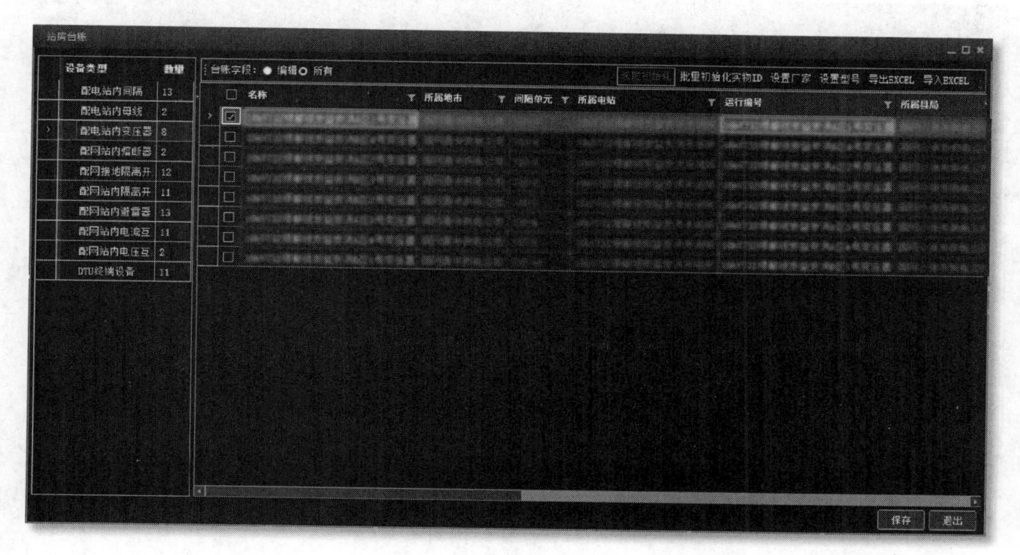

图 6-36　站房台账

（1）可以批量修改数据。对于可以修改的字段，把鼠标放在字段表格末尾，鼠标指针会变成“+”形状，然后向下拖动，即可修改。

（2）对于需要设置型号与厂家的设备，可以使用勾选设备后使用“设置型号”和“设置厂家”功能批量设置参数。

（3）点击“导出 Excel”可以对数据进行导出。

（4）点击“退出”按钮，如果对数据编辑后未保存，会提示“存在数据更新，是否保存”，点击“是”保存编辑数据后退出，点击“否”直接退出；反之，直接关闭界面，不做修改。

6.5 站　外　维　护

站房的维护与柱上设备维护类似，也可以使用“设备重命名”“设备替换”“设备找回”和“改切”等功能。

6.5.1　删除设备

删除站房与删除柱上设备有所不同。删除站房时，需要关闭站内图，取消所有间隔的站内外关联，并断开与此站房相连的所有电缆和连接线，否则会删除失败，存在站内外关联如图 6-37 所示。可点击“删除设备”按钮删除，也可按 Delete 键直接删除。

提示：删除站房以后，也可以使用“设备替换”和“设备找回”功能找回台账信息。

图 6-37 存在站内外关联

6.5.2 整站复制

将原有A站房内的母线及进、出线间隔全部复制到新建的B站房内。当需要连续绘制多个同类型站房时，使用此功能可以大大缩短操作时间，提高工作效率。具体操作如下：

步骤1：新建一个站房。新站房与被复制的站房必须是同一种类型。

步骤2：点击“整站复制”按钮。先选择源站房，再点击目标站房，选择源站房与目标站房如图6-38所示。

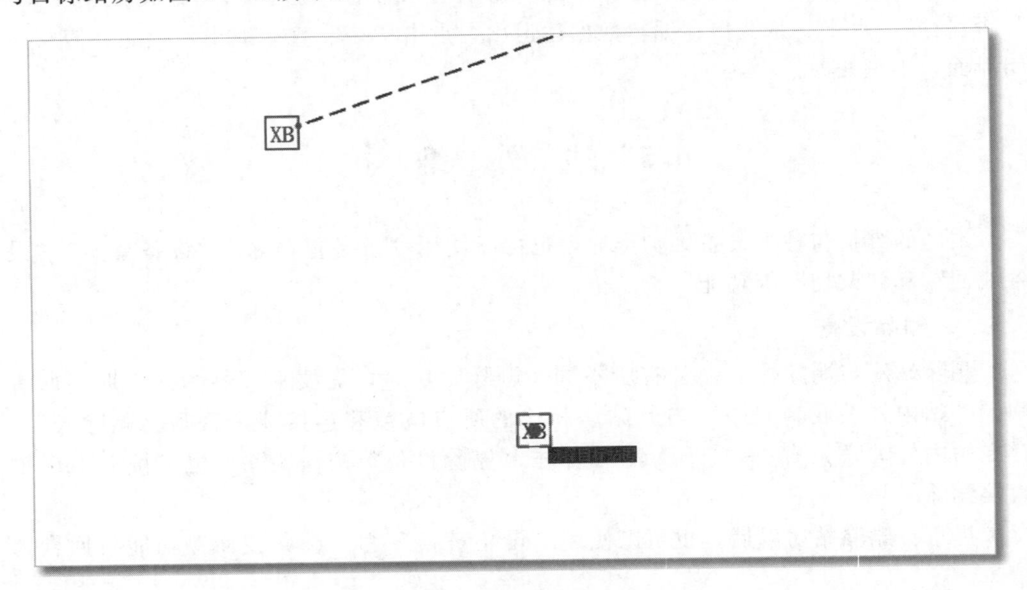

图 6-38 选择源站房与目标站房

步骤 3：弹出“整站复制”界面，修改目标站房的电压等级、名称与间隔名称即可，整站复制如图 6－39 所示。

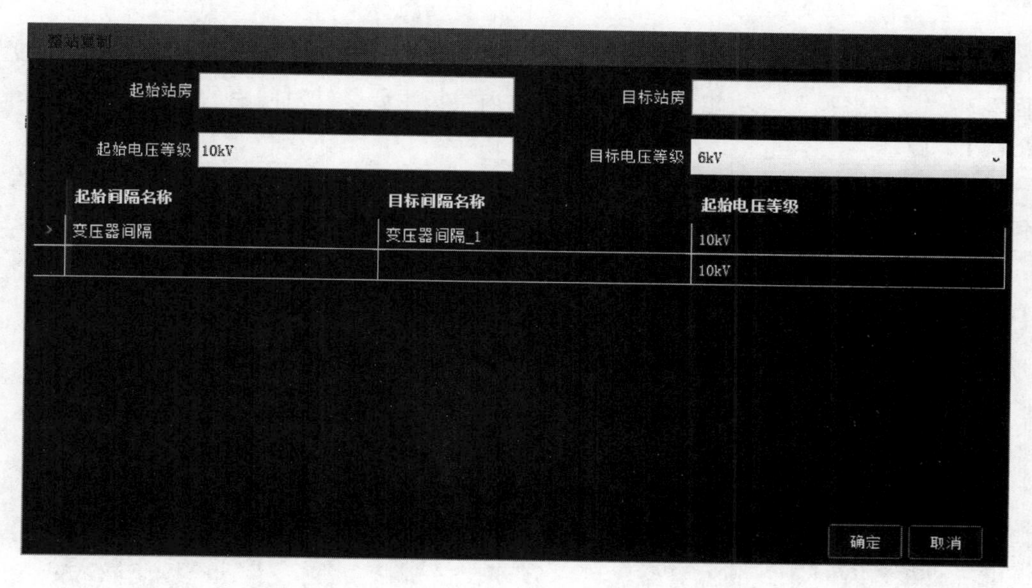

图 6－39　整站复制

6.5.3　站所转换

不同类型的站房之间可以转换，使用站所转换功能可以节省绘制时间。

选中环网箱后，右键调出功能菜单，使用“站所转换”功能，将环网箱转换为开关站。开关站与环网箱之间可以互相转换，但与配电室只能单向转换，开关柜与环网箱、配电室之间的互相转换如图 6－40 所示。

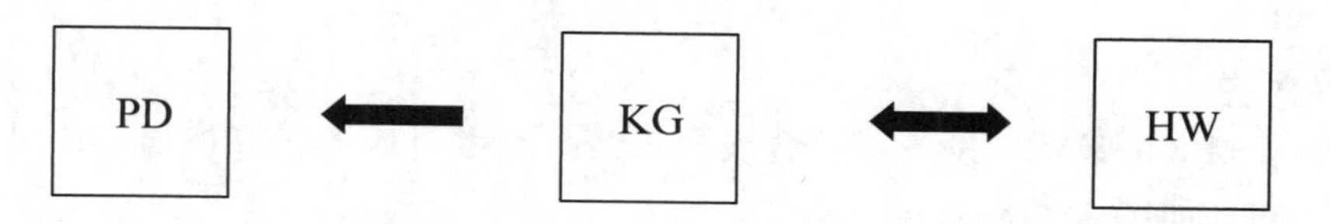

图 6－40　开关柜与环网箱、配电室之间的互相转换

电缆分支箱也可以使用“站所转换”功能，将电缆分支箱由“站房型”转换为“点型”，电缆分支箱转换如图 6－41 所示。

图 6－41　电缆分支箱转换

6.6 站 内 维 护

站内设备的维护与站外设备相似，也可以使用“删除设备”“重命名”“设备找回”和“设备替换”等功能。除此之外，站内维护主要是针对间隔的维护。

6.6.1 旋转

调整站内设备的绘制方向。操作过程：选中需要旋转的图元，点击“旋转”按钮则设备按设备中心点方向按顺时针方向发生变化，每次旋转的角度为 90°。

以配电变压器为例，选中变压器后点击“旋转”，可以将变压器旋转至合适的位置，旋转如图 6－42 所示。

图 6－42　旋转

6.6.2 对齐

框选要对齐的设备，设备不包含线及母线。点击对应的对齐按钮，即可完成对齐操作，对齐如图 6－43 所示。

图 6－43　对齐

左对齐：选中的设备根据标杆位置的最左边，对齐所有选中的设备。

右对齐：选中的设备根据标杆位置的最右边，对齐所有选中的设备。

上对齐：选中的设备根据标杆位置的最上边，对齐所有选中的设备。

下对齐：选中的设备根据标杆位置的最下边，对齐所有选中的设备。

水平对齐：选中的设备根据标杆位置的水平中间位置，对齐所有选中设备的水平中间位置。

垂直对齐：选中的设备根据标杆位置的垂直中间位置，对齐所有选中设备的垂直中间位置。

6.6.3 间隔拷贝

间隔类型批量复制工具。选择任意一个间隔，点击“间隔拷贝”工具，即可复制一个相同类型的间隔，间隔拷贝如图 6-44 所示。

图 6-44 间隔拷贝

6.6.4 间隔翻转

间隔单元及间隔上设备整体以镜像的方式翻转：选中需要翻转的间隔，点击“间隔翻转”，即可以以母线为轴镜像翻转，间隔翻转如图 6-45 所示。

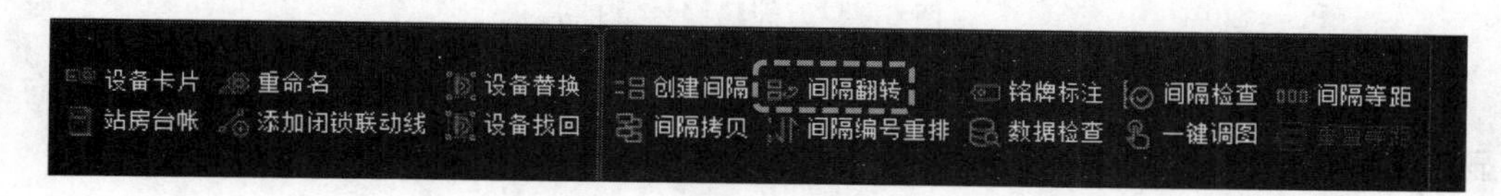

图 6-45 间隔翻转

6.6.5 间隔编号重排

母线的间隔编号自定义排列。具体操作如下：

步骤 1：选择任意一条母线，选择间隔编号重排按钮，弹出弹框；若未选择母线，提示先选择母线，间隔编号重排如图 6-46 所示。

图 6-46 间隔编号重排

步骤 2：可以选择升序或降序排序，起始编号可上下调整，前缀和后缀可编辑。间隔编号默认显示，间隔编号重排如图 6-47 所示。不打勾，所有站房都不显示间隔编号。

步骤 3：点击确认，间隔编号从左至右重新生成，设备树上顺序和间隔编号顺序对应。点击“退出”按钮，关闭弹框。

6.6.6 铭牌标注

铭牌标注功能是用来控制站内设备标注显示与否以及标注方向。

在想要改变配置的设备类型后面的“是否显示”和“是否横向”打勾，然后点击“保存”即可改变当前标签配置。

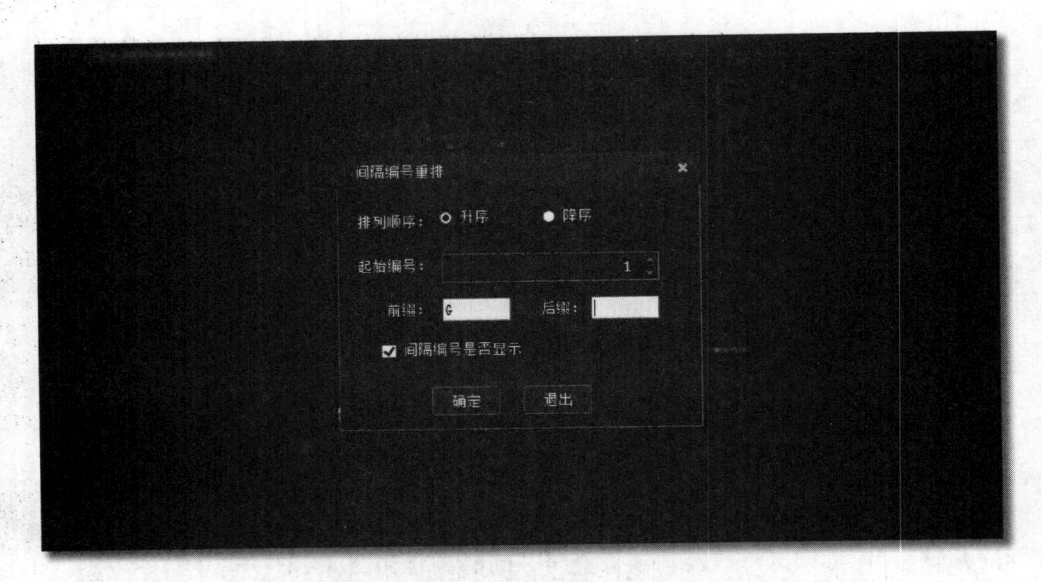

图 6-47 间隔编号重排

点击“恢复默认”按钮，然后点击“保存”，即可恢复默认配置（默认全部横向显示）。铭牌标注界面如图 6-48 所示。

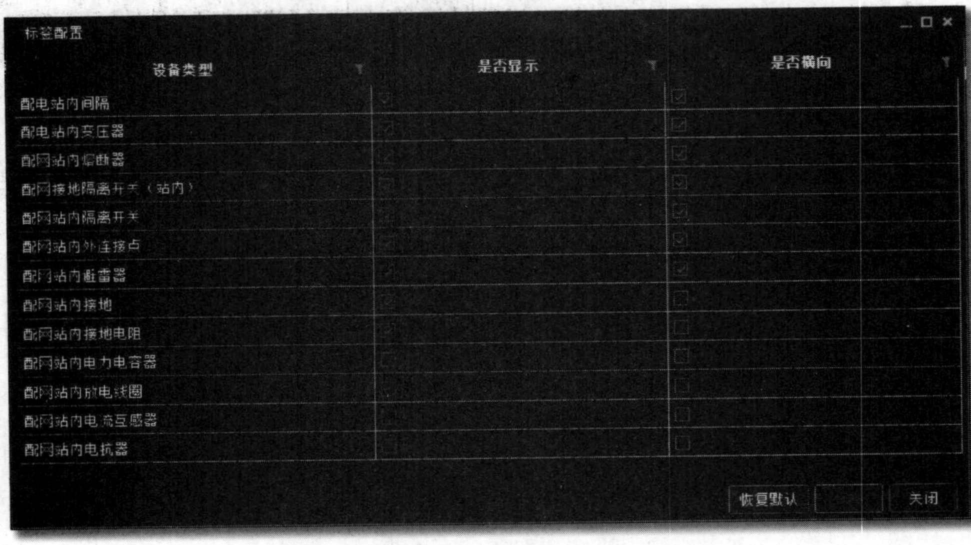

图 6-48 铭牌标注界面

6.6.7 间隔检查

间隔检查即为检查图形中间隔单元和间隔上设备的连接性，步骤如下：

点击“间隔检查”按钮，没问题则提示“经检查，该站所内间隔均正常”，无问题的间隔如图 6-49 所示。

图 6-49　无问题的间隔

如有连接问题，则把问题间隔高亮显示并标为绿色。点击该间隔，弹出间隔设备关系维护菜单，问题项将会用红框标注，有问题的间隔如图 6-50 所示。

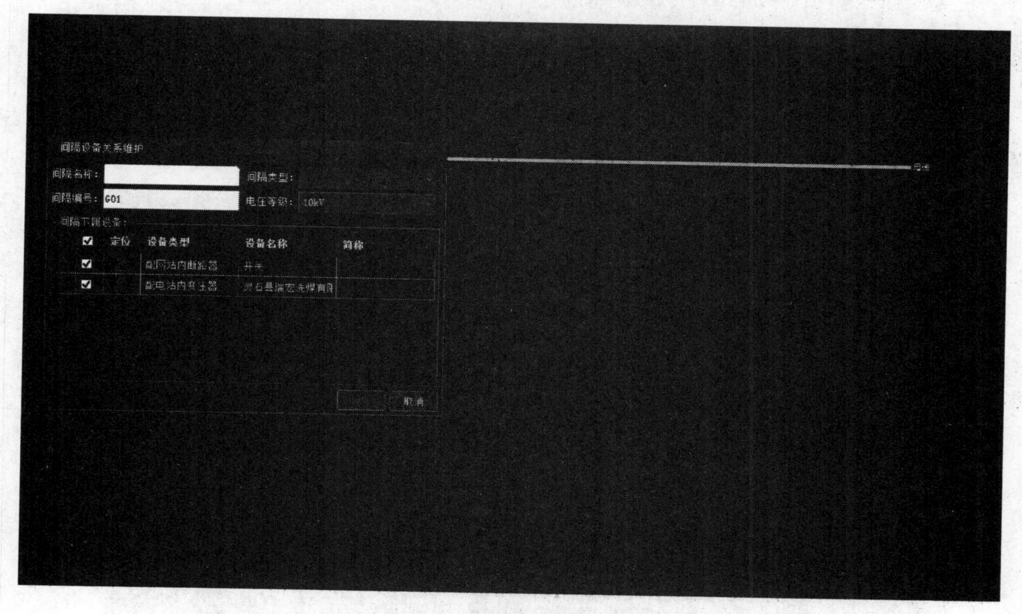

图 6-50　有问题的间隔

6.6.8　一键调图

点击“一键调图”按钮，会对母线下所有间隔进行一个调整，所有间隔各占用一个大网格线交点，顺序排列，同方向间隔自动对齐最长的间隔，间隔横向等距处理均为一个大网格，母线定格在大网格线上，一键调图如图 6-51 所示。

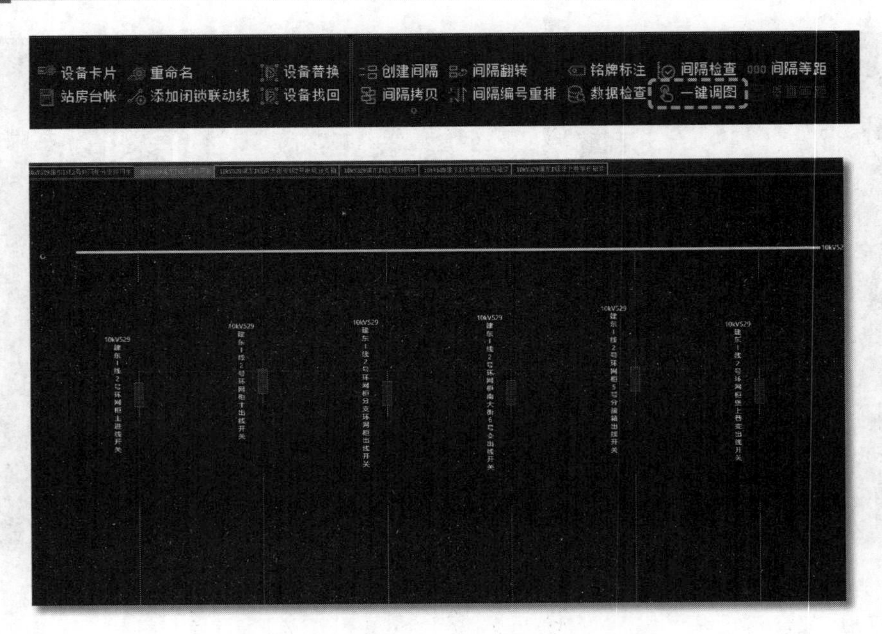

图 6－51　一键调图

注意：一键调图功能必须在确保所有间隔类型都正确的情况下才可以使用，存在错误间隔或未设置间隔类型的情况需要先维护间隔；再使用一键调图功能。

6.6.9　间隔等距

选中单条母线，点间隔等距后，调整间隔之间横向距离为 1 个大方格，间隔等距如图 6－52 所示。

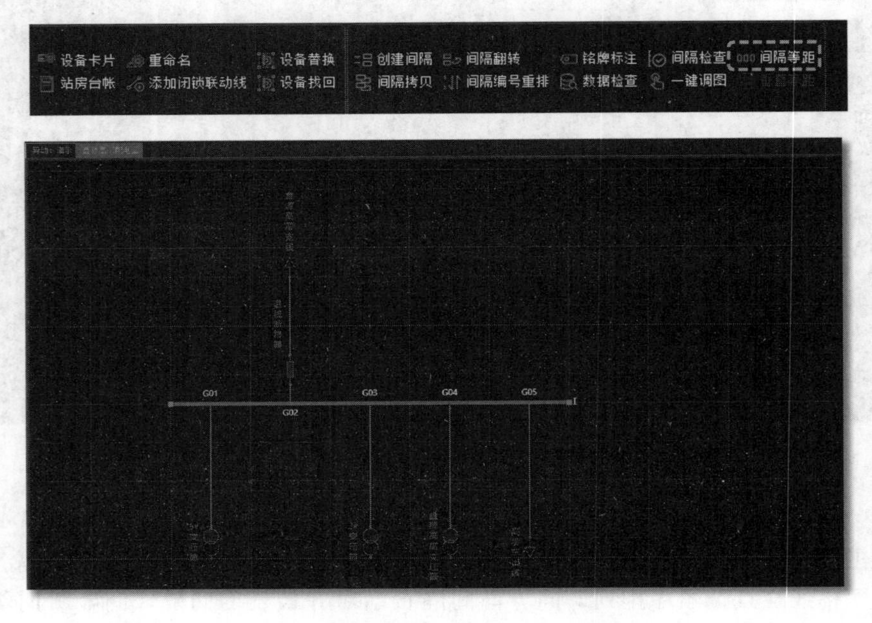

图 6－52　间隔等距

第7章 数据校验工具

当新增设备或维护设备后，会遇到流程无法正常发送的情况，异动流程无法发送的几种情况如图7-1所示。

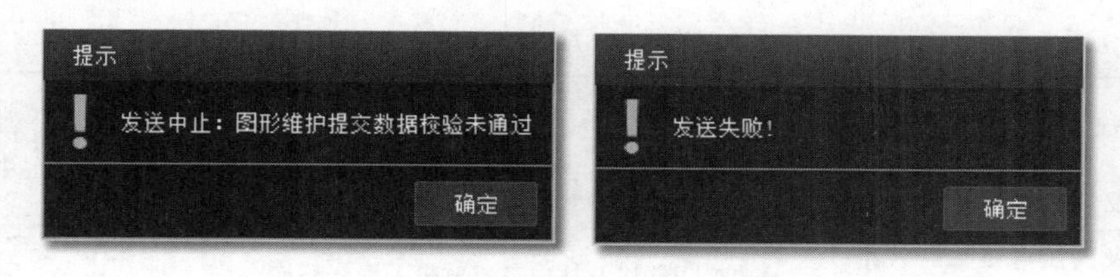

图7-1 异动流程无法发送的几种情况

这是由于某些数据不符合同源内置的规则描述，需要对增量数据或存量数据进行校验。同源维护应用的数据校验功能，引入各种基础电力业务规则，保证图形绘制的准确合规。基于同源维护开展配网数据治理工作是进一步优化电网资源业务中台的基础数据，加快推进电网资源业务中台实用化的建设目标。

在异动流程内，点击工具栏中的“数据校验工具”按钮，即可进入数据校验页面，数据校验工具界面如图7-2所示。

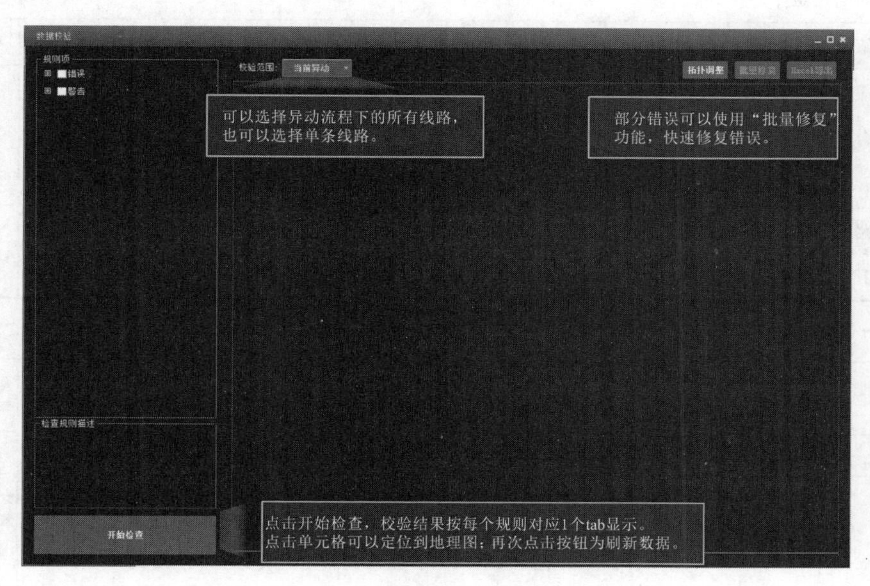

图7-2 数据校验工具界面

使用方法如下：

（1）开始检查：进入数据校验工具后，点击“开始检查”按钮，校验的范围是当前异动流程下所有已加载馈线；选中线路设备后，点数据检验工具，校验的范围是该设备所在的馈线。再次点击开始检查，界面刷新。

（2）规则项：左侧为规则的分类与描述，规则分为警告类规则和错误类规则，警告类规则明细见表7－1，错误类规则明细见表7－2。默认选中错误项，可单个勾选，也可以批量勾选，校验结果按每个规则对应1个Tab显示，点击单元格可以定位到地理图。为了提高数据质量，建议警告类与错误类规则均处理无误后，再执行后续流程。

表7－1　　警告类规则明细

规则项	规则描述	是否影响发送
户外变校验	柱上变压器经由开关设备连接杆位检查	否
变压器及高压电机关联线路校验	站内变压器以及站内高压电机关联线路检查	否
线路长度校验	（1）导线段实际长度不小于3.5m检查； （2）导线段实际长度大于100m检查； （3）电缆胶实际长度不小于2m检查； （4）电缆段实际长度大于500m检查； （5）馈线长度超50km检查	否
设备柜校验	（1）站房内每个间隔最多有一个设备柜检查； （2）间隔下设备的所属设备柜，必须是间隔的直属设备柜检查	否
备用间隔校验	备用间隔检查	否
馈线架设方式校验	馈线架设方式检查	否
图形台账一致性校验	（1）设备图形数据中的名称、类型和相应资源的； （2）名称、类型一致性检查； （3）设备图形台账运行状态一致性检查； （4）设备图形台账电压等级一致性检查	否
设备路径校验	设备路径正确性检查	否
线路下无电缆架空线段校验	线路必须要有电缆段或者架空线段检查	否

表7－2　　错误类规则明细

规则分类	规则项	规则描述	是否影响发送
站外图形类问题	孤岛校验	检查设备间的拓扑连通性	是
	线挡为连接线校验	（1）门架与站所侧连接线为站外连接线； （2）柱上开关与挂接杆位侧连接线是站外连接线； （3）柱上变压器与挂接杆位侧连接线是站外连接线	是
	电缆中间接头校验	电缆中间接头两端连接电缆检查	是

续表

规则分类	规则项	规则描述	是否影响发送
站外图形类问题	逻辑杆校验	（1）运行杆的所属物理杆无效； （2）分界杆必须是耐张杆校验	是
	柱上设备所属杆位校验	柱上设备的所属杆位为空或错误	是
	父设备有效性校验	资源父设备与根设备一致性检查	否
	端子连接校验	（1）设备端子数与图元配置一致性检查； （2）设备端子悬空检查； （3）线设备直连线设备检查、线设备首末端相连检查、点设备直连点设备检查； （4）做了站内外关联的连接线必须和站房本身拓扑连通； （5）检查站房端子连接点是否重复	否
	馈线起始站所校验	馈线起始站所存在性检查	是
	空挂设备校验	间隔、电缆线路、架空线路、馈线下无设备	是
	飞线校验	飞线检查	是
	图形一端悬空	（1）柱上设备一段悬定； （2）连接线一端悬空； （3）导线段一端悬空； （4）电缆段一端晨空	否
	容器下杆塔坐标重复性校验	线路容器下的杆塔坐标不能重复（坐标小数点后5位相同），即杆塔重叠	否
站内图形类问题	站房线路关系校验	通过拓扑关系找到的站房与线路的关联关系与关系表中的关系不一致	是
	站所必须包含开关设备校验	站所必须包含开关设备检查	否
	站内配电变压器检查	环网柜、电缆分支箱站房内不允许存在配电变压器；压变和所用变可以存在	是
	间隔检查	（1）站房进线间隔检查； （2）图上应为多个间隔实际只有一个间隔（需要作间隔拆分）：图上应为一个间隔，实际上分属于不同间隔； （3）母联关联的两端，必须有一端包含开断设备； （4）间隔类型有效性检查	是
	站房母线校验	（1）站房不存在母线； （2）母线之间未使用母联连接，且不存在开关	是
	开关校验	（1）联络开关关联两条馈线：线路中带联络开关时，线路类型只能是主干线或主线，不能是分支线：联络开关闭合时，两端电压等级要一致； （2）开关作用字段有效性检查；开关作用和实际情况对比检查； （3）站外开关动触头和静触头及位置检查； （4）站内开关动触头和静触头及位置检查	是
	电源点缺失	进出线间隔电源点缺失	是

续表

规则分类	规则项	规则描述	是否影响发送
台账类问题	班组校验	(1) 设备维护班组不能为空； (2) 维护班组必须在其所在县公司； (3) 运维单位必须是维护班组的上级单位	否
	电压等级校验	(1) 设备与容器设备电压等级一致性检查； (2) 电压等级为空或电压等级无效； (3) 馈线电压等级一致性检查； (4) 站内设备电压等级检查； (5) 与站房连接的线设备要与进出线点的电压等级一致	否
	台账完整性校验	(1) 设备有图形数据无资源数据检查； (2) 设备无资产检查：资产数据类型匹配	是
	公用设备必填字段校验	公用设备台账必需字段非空检查	是
	专用设备必填字段校验	专用设备台账必需字段非空检查	否
	设备名称非空校验	设备名称非空检查	是
	设备名称存在空格	名称、简称存在空格	否
	线路导线起止设备校验	检查线路开始设备，耐张段、线挡、电缆、电缆段起止设备设置是否正确	否
	线路作用校验	检查配网线路作用正确性	是
	设备使用性质校验	检查配网设备使用性质正确性	否
	设备名称重复性校验	站房容器下所有设备的设备名称重复性校验	否
	实物ID有效性校验	校验实物ID有效性	否
电网一张图质检	图数一致性（质检）	(1) 有图无数； (2) 设备图数所属容器不一致； (3) 运行杆无物理杆； (4) 设备图数电压等级不一致	是
	台账完整性（质检）	台账关键属性空值	是
	台账规范性（质检）	台账关键属性码值错误	是
	图形规范性（质检）	(1) 线段超长； (2) 图形坐标空值	是

(3) 拓扑调整：调整站房连接点的拓扑工具。

(4) 批量修复：部分错误可以使用“批量修复”功能，系统会自动修复错误。

(5) Excel导出：校验结果支持导出Excel，按所有数据导出。

7.1 站外图形类问题

站外图形类问题种类繁多，成因复杂，需要用户认真分析问题原因，不断积累数据治理经验。点击▣可以查看明细，双击定位标志，即可快速定位至有错误的图形。

7.1.1　孤岛

孤岛：某些设备存在与馈线断连、拓扑不通或层级关系错误等问题，这些设备被称为“孤岛”。孤岛是最常见的图形错误之一，任何设备都可能会变成孤岛。

在数据校验工具的孤岛校验模块，点击定位按钮可以对孤岛设备进行定位，并在图上高亮显示，孤岛校验如图 7－3 所示。一些常见的孤岛类型和处理方法见表 7－3。

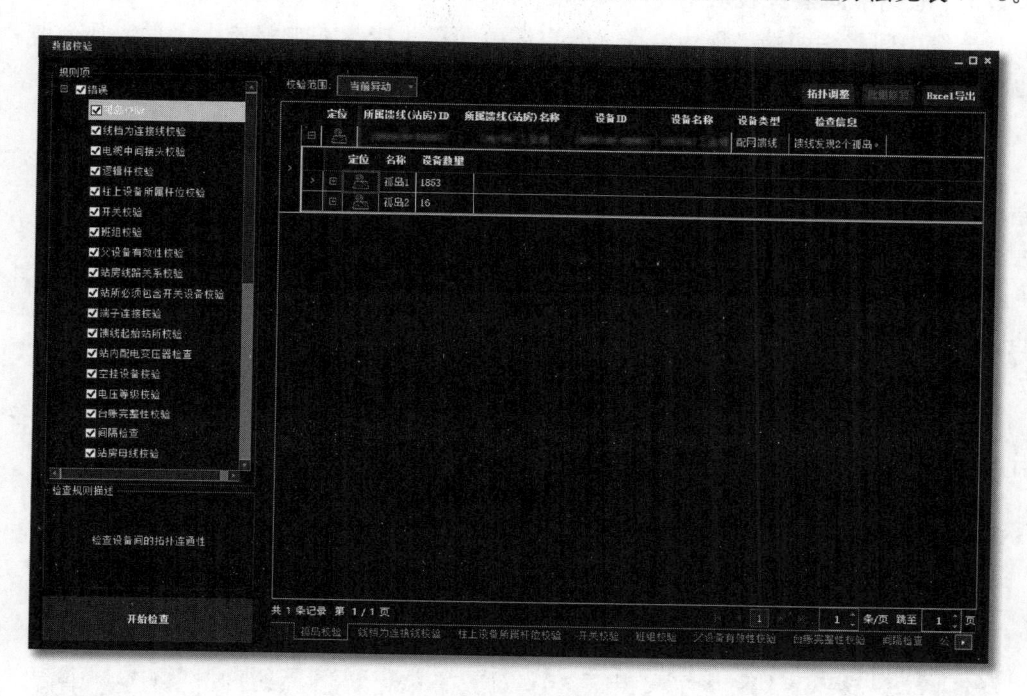

图 7－3　孤岛校验

表 7－3　　一些常见的孤岛类型和处理方法

孤岛类型	馈线孤岛	分支线孤岛	柱上设备孤岛	杆塔孤岛	站房孤岛
问题描述	整个馈线高亮显示	某一段分支线高亮显示	变压器、断路器等柱上设备高亮显示	物理杆或逻辑杆高亮显示	配电室、环网箱等站所类设备高亮显示
产生原因	（1）变电站线路间隔被占用； （2）未与变电站作站内外关联	（1）分支主干之间关系不明确； （2）断路器等开关设备处于断开状态	未将柱上设备挂在所属杆塔上	（1）导线没有挂在杆塔上； （2）未找到对应的物理杆	（1）站房未作站内外关联； （2）站房内无间隔； （3）站内间隔数量小于站外出线数量
处理方法	重新与变电站作站内外关联	重新改切至父级设备或重新绘制	使用改切功能重新悬挂	使用改切功能或重新绘制杆塔	添加间隔后站内外重新关联

7.1.2　线挡为连接线校验

站外连接线是一段虚拟的连接线，无型号、厂家、载流量等台账信息，也无法定位至设备树。门架与站所侧、柱上开关与挂接杆位侧、柱上变压器与挂接杆位侧的连接线均为站外连接。

7.1.3　电缆中间接头校验

电缆中间接头两端必须为电缆。若电缆中间接头未挂在电缆段上，形成孤岛时，也会报出此类错误。

7.1.4　逻辑杆校验

物理杆与逻辑杆必须同时存在。若只有逻辑杆而没有物理杆，则会报出此类错误。

7.1.5　柱上设备所属杆位校验

当变压器、断路器等柱上类设备没有找到挂在杆塔上，会报出此类错误。可以点击“修复”或“批量修复”按钮解决，若无效可以使用“改切”工具重新挂接。

7.1.6　父设备有效性校验

用户对设备所属容器不一致无法自动修复时，可手动输入该设备父设备的设备 ID 进行修复，父设备校验如图 7 - 4 所示。

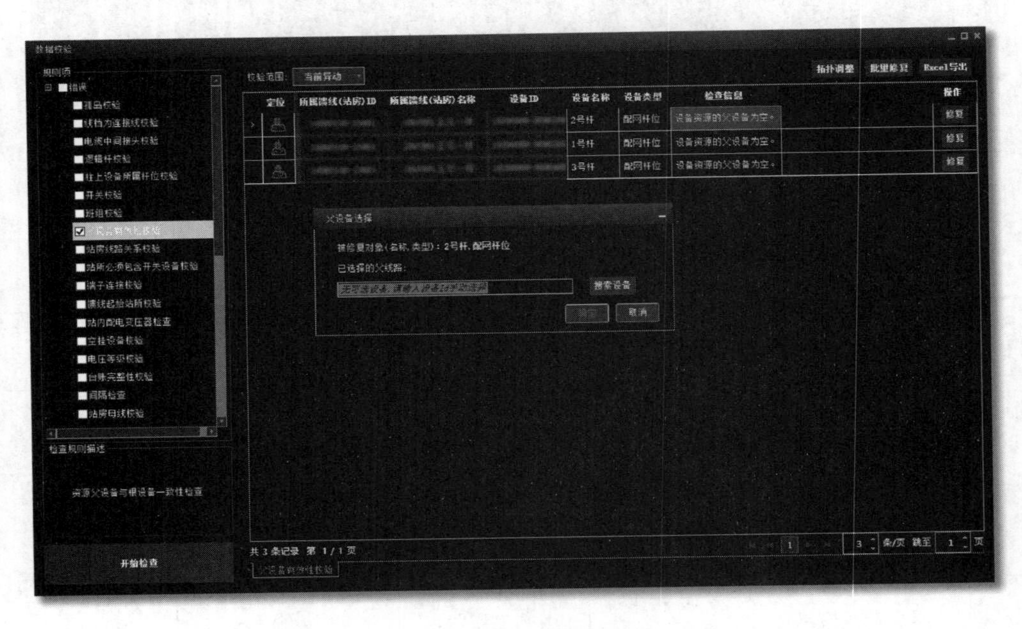

图 7 - 4　父设备校验

7.1.7　馈线起始站所校验

部分线路会存在连接变电站错误的情况，需按照检查信息中的内容，使用“改切”功能，将线路改切到正确的变电站上。

7.1.8　端子连接校验

在数据校验功能中选择该界面，点击批量修复即可。如无法修复设备，需定位该设备进行改切。

柱上设备通常只有两个连接点，而站房类设备由于进出线较多，容易造成连接点混乱的情况。对于站房连接点重复的问题，可以使用数据校验工具页面左上角的“拓扑调整”工具来解决，此工具仅能对站房类设备使用。具体操作如下：

步骤1：在数据校验工具页面，点击右上角的“拓扑调整”按钮，打开拓扑调整界面，拓扑调整工具如图7-5所示。

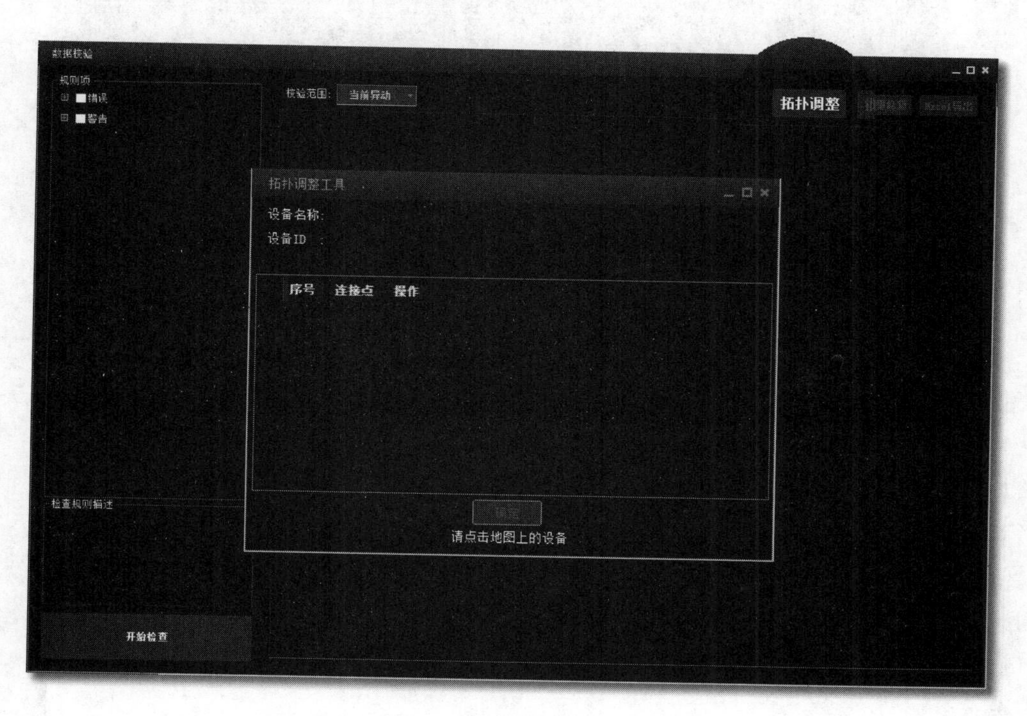

图7-5　拓扑调整工具

步骤2：点击地图上的站房类设备，将显示此站房的所有连接点。点击可以进行定位，拓扑调整工具界面如图7-6所示。

步骤3：可以删除无用的连接点，也可以对留存的连接点进行重置。

注意：当将连接点全部删除后，站房将会成为孤立设备。

7.1.9　飞线校验

飞线：指地理图上长度超过500m，且无电缆中间接头和杆塔的电缆、架空线或站内外连接线，疑似飞线的站外连接线如图7-7所示。飞线可能由系统或用户操作不当产生。

注意：并非所有的飞线都是错误的，请结合现场情况具体分析。

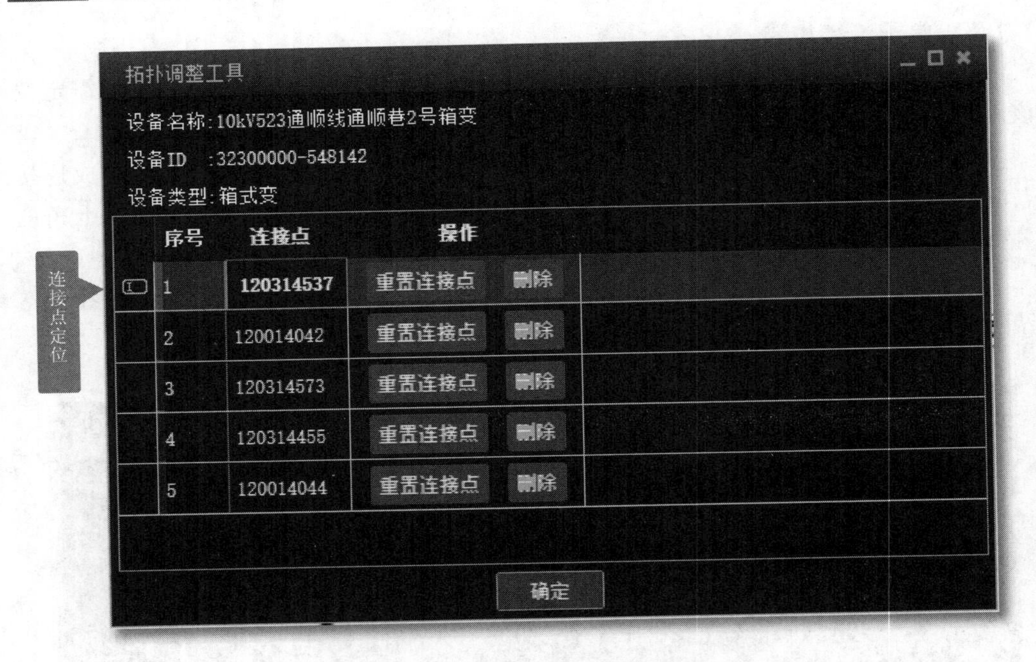

图7-6 拓扑调整工具界面

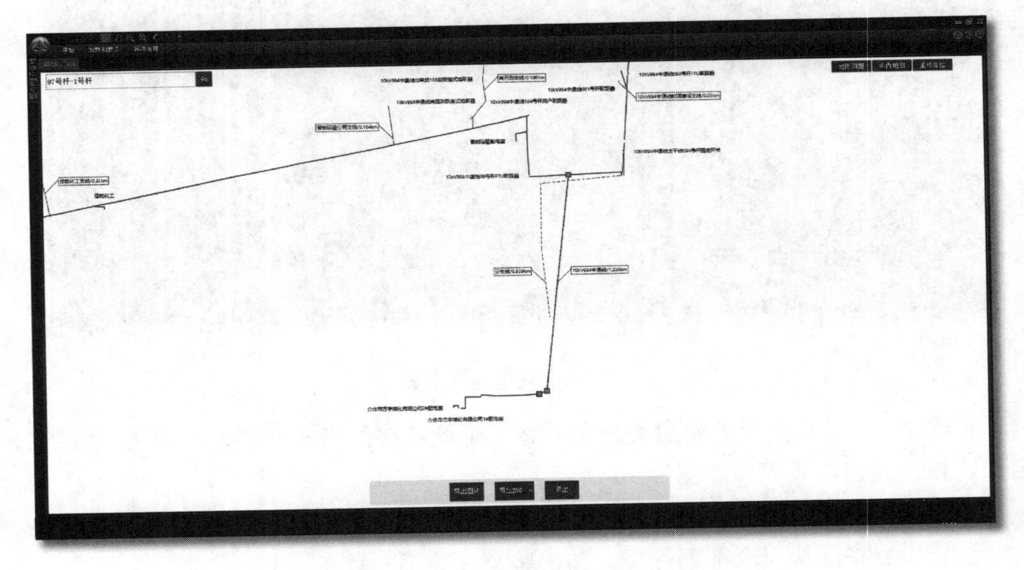

图7-7 疑似飞线的站外连接线

7.1.10 环路

环路：环路是指将部分设备连接成一个环形的物理拓扑结构。在同源中查找线路的联络点，多为环网箱或者电缆分支箱，对应的治理方法如下：

（1）检查有联络关系的站房及其站内主备供间隔。先检查站房是否全部做了站内外关联；若外部没问题，打开站内图检查间隔的开关状态，是否是由于主备供的开关全部为闭合导致的环路，如果是则将备供断开即可。

(2) 线路上的设备存在端子号重复。加载有问题的线路，打开数据校验工具，若出现端子号重复问题，将其设备定位以后利用“拓扑调整”工具重置端子号即可解决。

(3) GIS冗余图形。同源上无环路设备，为冗余图形，向后台寻求支持删除该图形即可解决环路问题。

7.2 站房图形类问题

与站外图形问题相比，站内问题比较容易解决。在站房内使用“间隔检查”工具，可以快速分析和定位内部间隔问题。

7.2.1 站房线路关系校验

当站房与线路相连时，须进行站内外关联，否则会报出此类问题。可以从以下几个方面排查问题：

(1) 与站房连接的线路有问题。可以点击“修复”按钮修复问题；若修复失败，可以使用“改切”工具重新连接，或删除后重新绘制。

(2) 站房内间隔有问题。如只有进/出线间隔、无出/进线间隔，站内进出线间隔与站外进出线数量不匹配等。

(3) 站房的端子连接问题。需检查“端子连接校验”规则项是否有问题，或使用“拓扑调整”工具重新调整拓扑连接点。

7.2.2 站内配电变压器检查

配电变压器只能出现于配电室和箱式变电站中。开关站、环网箱、电缆分支箱内不允许存在配电变压器。

7.2.3 间隔检查

使用“间隔检查”工具可以快速分析出间隔问题结症。使用方法如下：

点击“间隔检查”工具。若间隔无问题，则将弹出“经检查，该站所内间隔正常”提示框；若有间隔问题，有问题的间隔会显示绿色，有问题的间隔如图7-8所示。

将光标移至有问题的间隔，光标会变为红色小点；点击鼠标左键，会弹出此间隔的信息，有问题的内容会用红框标出，间隔设备关系维护如图7-9所示。

常见的间隔问题有：

(1) 无间隔名称。

(2) 无间隔类型。

(3) 设备名称为空。

(4) 电压等级不一致。

(5) 间隔未投运。

(6) 只有进线间隔，无出线间隔。

图7-8　有问题的间隔

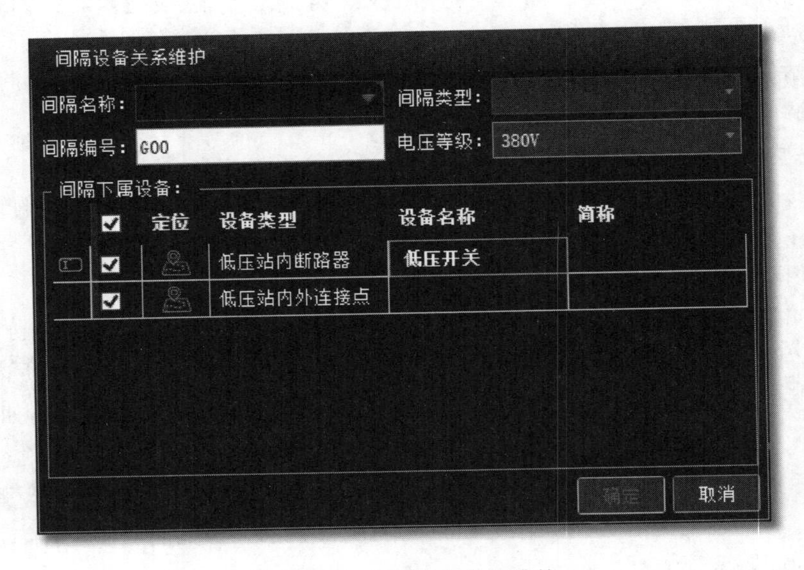

图7-9　间隔设备关系维护

（7）只有出线间隔，无进线间隔。

（8）站内进出线间隔与站外进出线数量不匹配。

7.2.4　站房母线校验

使用“间隔检查工具”时，若发现母线也为绿色，可以从以下三个方面查找解决问题：

（1）间隔未挂在母线上，母线为孤岛，需要重新绘制间隔。

（2）母线之间未使用母联，且不存在开关，需要添加母联。

（3）删除旧母线，重新绘制一段新母线。

7.3 台账类问题

台账维护从必填字段维护和字段准确性两方面进行维护成果的检查。为了保证数据质量，建议结合现场的实际情况，把台账空缺字段补充完整后，再进行后续流程。台账检查规则见表7-4。

表7-4　台账检查规则

检查项	检查规则	治理说明
台账字段维护	台账中必填字段是否维护，是否有未维护、漏维护项	设备台账字段维护时，应保证无疏漏和维护错误
台账字段准确性	台账关键字段维护准确性，如开关状态、变压器容量等	以现场为准，保证关键设备、关键字段维护的准确性

7.3.1 设备名称非空校验

根据所报出问题，进行定位，点击“设备重命名”，对设备进行名称维护。

7.3.2 线路作用校验

馈线由主干线、主线和若干分支线组成。若一条馈线只有分支线而没有主干线，则会通报此类错误。处理方法如下：

打开线路台账→勾选此线路→编辑数据→左侧设备类型选择“主/支线”→将线路作用改为“主干线”。

7.4 专题图

下面列举一些网页端常见的问题，供使用参考。常见的问题见表7-5。

表7-5　常见的问题

检查项	检查规则	治理说明
单线图符合成图规则	单线图符合本地指定的调图规则，无明显错误	规则包括主干线水平，站房是否展开等
站室图	从单线图跳转站室图，站室图符合成图要求	满足成图规则
站内图浏览	间隔清晰明了，线路美观可用	客户端站内图应与专题图一致
标注检查	标注准确，无压盖	通过成图配置，调整单线图标注满足要求并无明显遮盖

7.4.1 任务重复

问题：不能同时打开两个任务如图7-10所示。

图 7－10　不能同时打开两个任务

原因：之前没有及时发送走的异动流程，影响到了下一个任务。

方法：发送或关闭之前打开的异动流程后，再进行下一个流程。

7.4.2　电源校验

问题：没有电源如图 7－11 所示。

图 7－11　没有电源

原因：

（1）引出此馈线的变电站、线路间隔或间隔下设备处于未投运状态。

（2）没有与变电站做站内外关联。

方法：

（1）登录主网模块，检查引出此馈线的变电站，核查线路对应的间隔及间隔设备（连接线、断路器等）是否完全投运。

（2）回退至客户端“运检维护”环节，与变电站做站内外关联后再继续流程。

7.4.3 存在孤岛

问题：存在孤岛如图 7-12 所示。

图 7-12 存在孤岛

原因：

（1）断路器等开关类设备未闭合或未投运。

（2）杆塔孤立、无站内外关联等其他错误导致孤岛。

方法：

（1）回退至客户端“运检维护”环节，检查孤岛处的断路器是否处于断开或未投运状态。若仍然无效，建议删除开关后重新绘制。

（2）回退至客户端“运检维护”环节，使用数据校验工具对此馈线进行检查。

7.4.4 成图失败

问题：成图失败，不能同时打开两个任务如图 7-13 所示。

原因：

（1）数据存在问题，使用数据校验工具进行检查。

（2）在业务应用高峰期后台服务器因资源限制出现瓶颈。

方法：

（1）多次重新成图。

图7-13 不能同时打开两个任务

(2) 回退至客户端“运检维护”环节，使用数据校验工具对此馈线进行检查。

(3) 若以上方法无效，则可能为服务器问题，请联系后台人员寻求技术支持。

第8章 其他功能

在本章将介绍前6章中未提到的功能，GIS 2.0没有的功能以及同源新加入的特色功能。

8.1 修改所属线路

将某一段线路并入主干线或分支线。具体操作如下：

选择一段线路，点击“修改所属线路”按钮，弹出“可选线路”界面，选择要并入的线路即可，修改所属线路如图8-1所示。

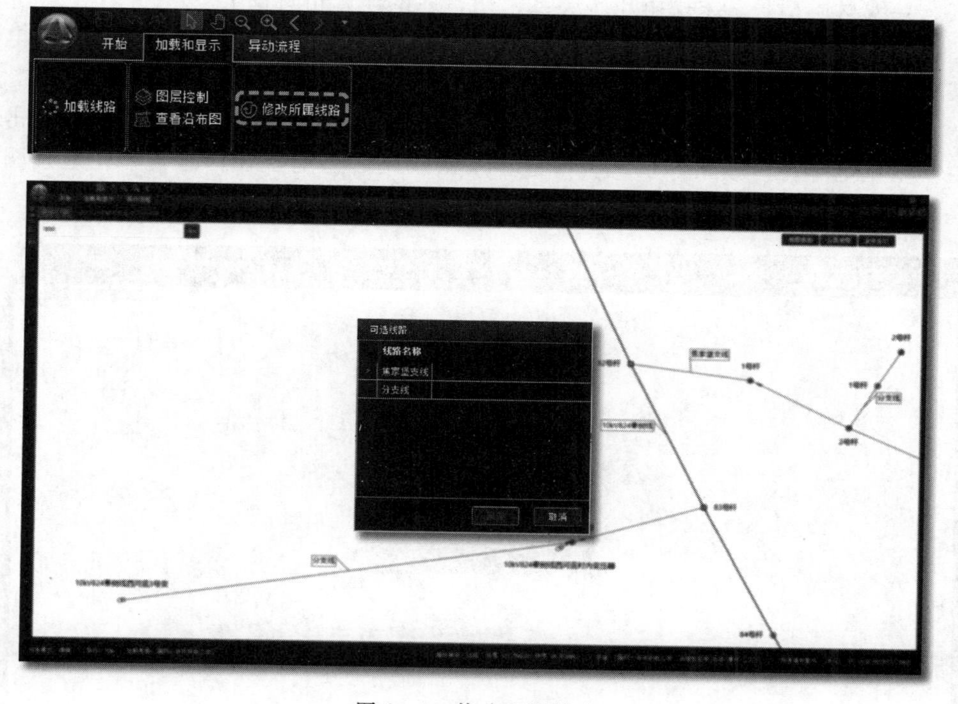

图8-1 修改所属线路

8.2 拓扑着色

孤岛校验工具。“拓扑着色”会把不连通的孤岛设备以列表的方式显示出来，点击列表中的单个孤岛设备可以进行定位，定位的设备则会高亮显示一段时间，异动流程内外均可以使用，如图 8-2 所示。

图 8-2 拓扑着色

拓扑着色功能可以在不使用数据校验工具的情况下，快速检查孤岛。点击“拓扑着色”按钮，系统根据加载的线路下设备图形拓扑连通情况进行着色连通为红色，不连通为绿色。

8.3 供 电 半 径

供电半径：电源点到其供电的最远负荷之间的线路长度。供电半径计算与线路长度、导线材质型号、末端电压等关系密切，理论计算相当复杂。

在同源中，从线路的变电站出线点拓扑至每条支线的末端，取最长通路的电缆与架空线之和，计算结果精确到小数点后两位数。具体操作如下：

在异动流程中加载一条线路，点选该线路上任意一段电缆线或架空线，点击工具栏中“供电半径”按钮，系统会弹框显示该线路的供电半径信息，并在地理图中高亮显示该线路的最长通路，线路供电半径分析如图 8-3 所示。

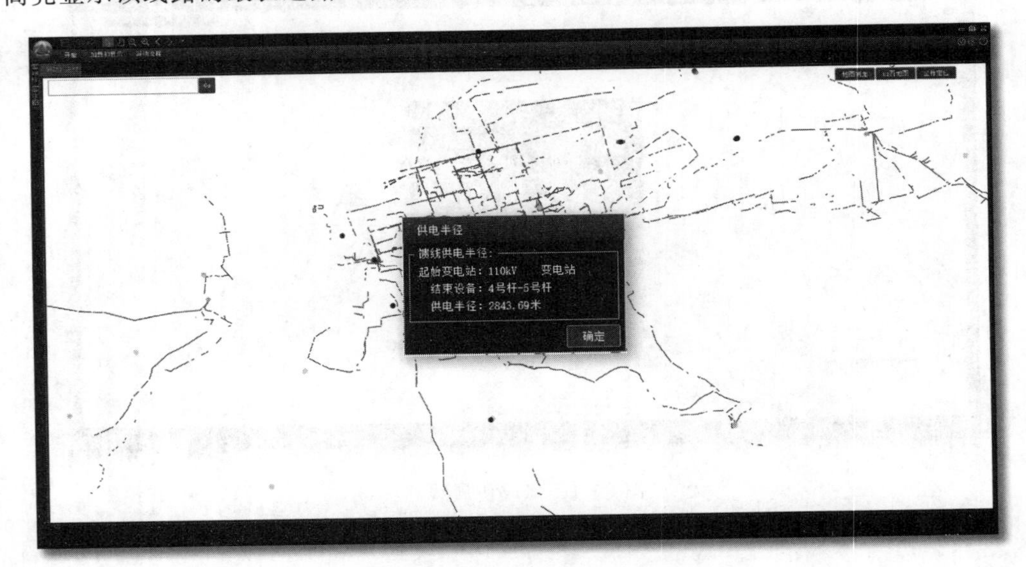

图 8-3 线路供电半径分析

提示：供电半径值大于 15km 时用红色字体显示。

8.4 停 电 分 析

使用“停电分析”功能，系统将会自动分析受停电影响线路与台区。具体操作如下：在异动流程中加载一条线路，选择一个起始设备。起始设备可以是开关类设备或一截线段（架空、电缆均可）。点击“停电分析”按钮，系统将会分析该设备停电后受影响的线路与用户，并在地理图上用蓝色高亮显示，受到停电影响的线路与用户如图 8－4 所示，停电明细如图 8－5 所示。

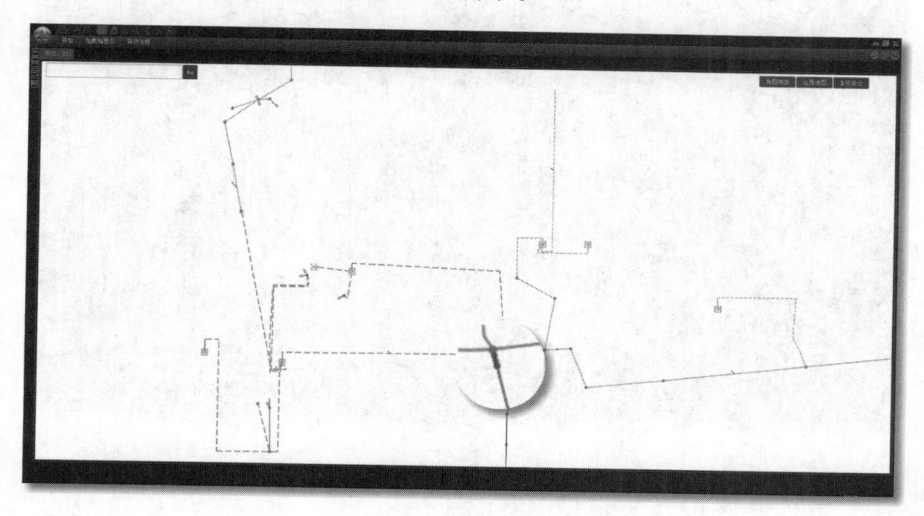

图 8－4　受到停电影响的线路与用户

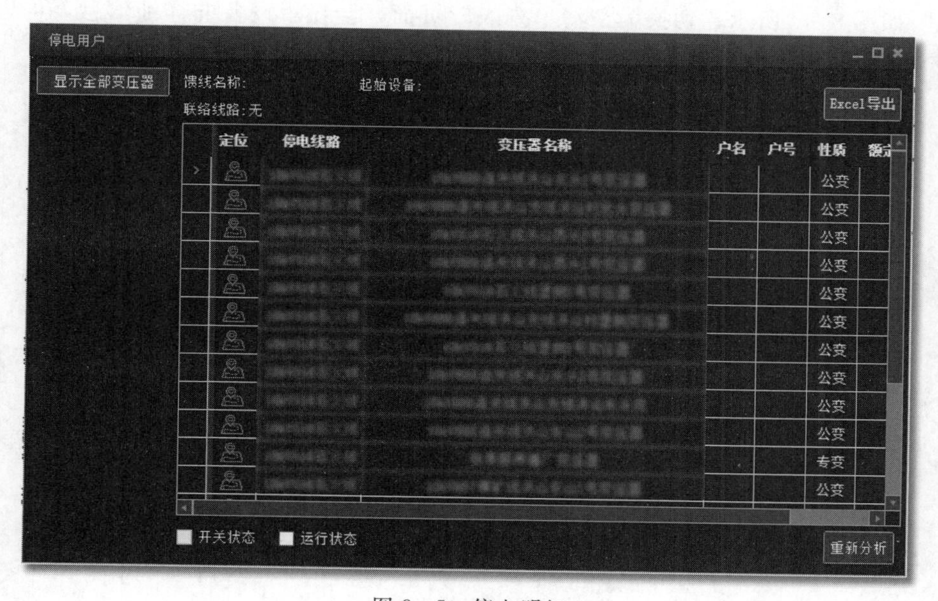

图 8－5　停电明细

8.5 设 备 清 单

一个与“线路台账”类似的功能，异动流程内外均可使用。点击“设备清单”按钮，即可查看本账号权限下所有馈线的信息，设备清单一级界面如图 8-6 所示；勾选某条馈线后，点击确定，可进入二级界面。

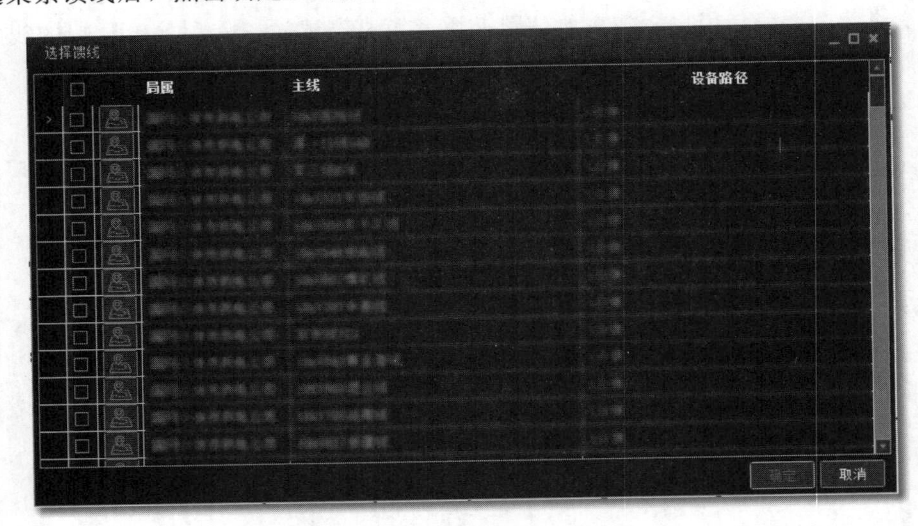

图 8-6 设备清单一级界面

“统计数据”页面会显示该馈线下的各种设备的数量，设备清单二级界面“统计数据”如图 8-7 所示；切换为“清单列表”页面，会显示设备的详细信息，可进行定位并导出为 Excel 表格，设备清单二级界面“清单列表”如图 8-8 所示。

设备清单

设备类型	数量
配网杆位	290
柱上断路器	12
配网导线	80
配网架空线段	287
配网电缆	9
配网电缆终端头	3
配网柱上变压器	28
配网柱上避雷器	11
柱上熔断器	9
配网主线线路	2
配网支线线路	8

统计数据 清单列表

上一步 导出Excel 关闭

图 8-7 设备清单二级界面“统计数据”

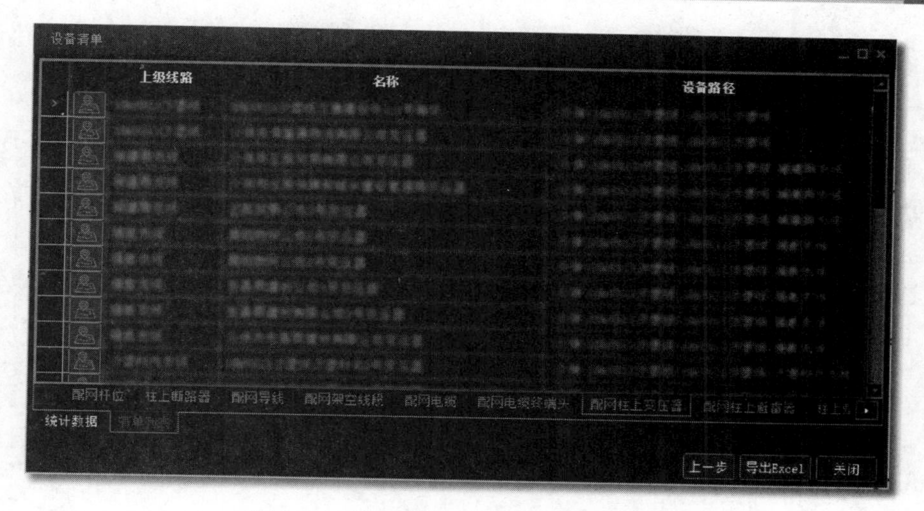

图 8-8 设备清单二级界面“清单列表”

8.6 书 签

与坐标定位、查找定位的逻辑不同，书签可快速定位到某个地理位置，异动流程内外均可。具体操作如下：

步骤 1：在图上移动到需要设置书签的区域，点击“书签”按钮，选择新增，输入名称。

步骤 2：点击“书签”按钮，选中之前设置好的定位书签，点击“定位”后，直接定位到该书签的地理位置。

步骤 3：可以对书签进行编辑或删除，部分纳入书签管理的地区如图 8-9 所示。

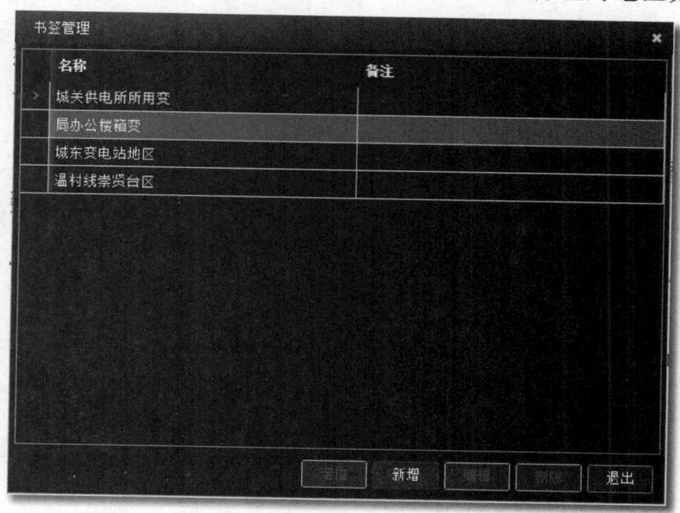

图 8-9 部分纳入书签管理的地区

8.7 电压等级联动

对于同一馈线下某些线路设备电压等级不一致的情况，可以使用“电压等级联动”功能进行设备的电压等级修改，保证同一馈线下的设备与变电站出线间隔的电压等级一致。电缆与架空线均可。

选中一段架空线或电缆，右键调出功能菜单，点击“电压等级联动”，然后会弹出“电压等级设置成功”提示框，电压等级联动如图8－10所示。

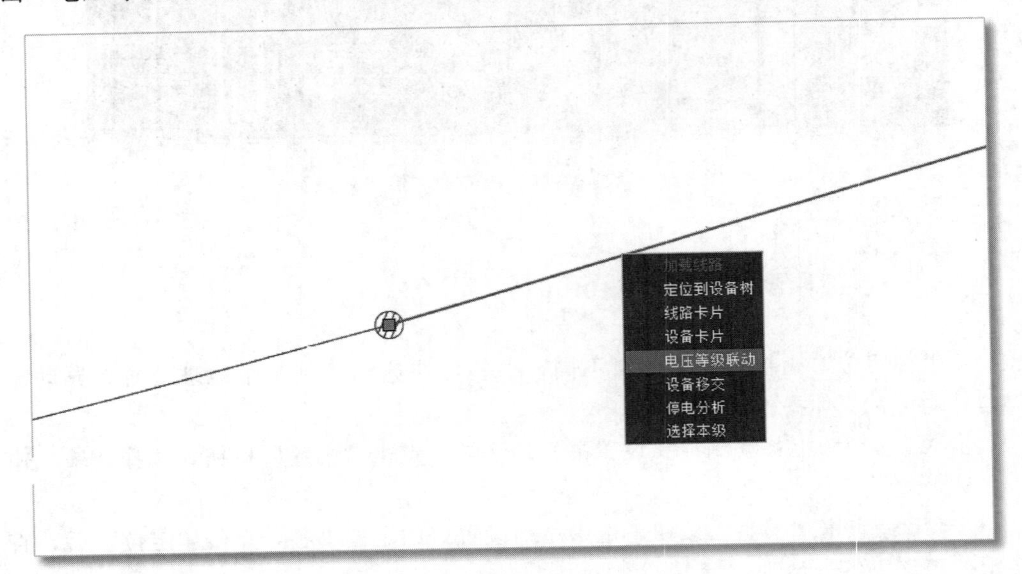

图8－10 电压等级联动

提示：升降压站出线的电压等级根据升降压站升压或者降压的电压等级来联动。

8.8 设备移交

在实际工作中，有时会存在大批量设备更换维护班组或设备主人的情况，这些设备需要在同源中维护一个新的班组信息或设备主人，逐一修改设备的台账信息工作量会很大。

使用“设备移交”功能，可以把不属于本班组的设备（包括馈线和站房）变更到正确的班组，便于后续的统计以及资产管理。

8.8.1 站房班组移交

新建异动流程，在工作区或设备树中选择该设备，右键调出功能菜单，选择“设备移交”，会弹出“站所班组移交”对话框，设备移交如图8－11所示，站所班组移交界面如图8－12所示；填好正确的维护班组和设备主人后，点击“确定”即可保存。

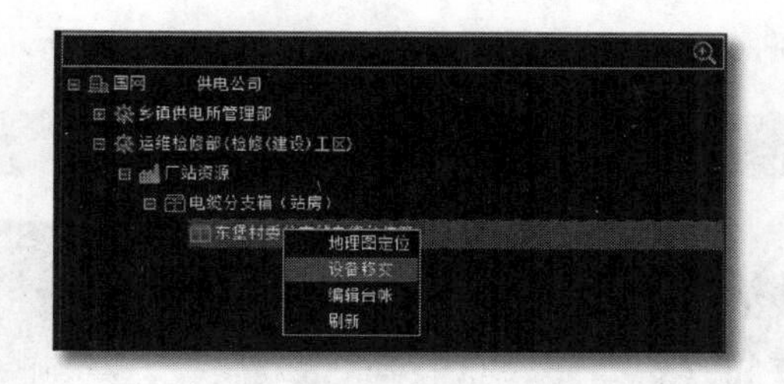

图 8-11　设备移交

图 8-12　站所班组移交界面

8.8.2　馈线班组移交

馈线班组移交的方法与站房班组移交的方法类似，可以从设备树上选择馈线，也可以在工作区操作。

步骤 1：在设备树或图上选择一条馈线，右键调出功能菜单，选择“设备移交”，弹出馈线班组移交窗口，馈线班组移交如图 8-13 所示。

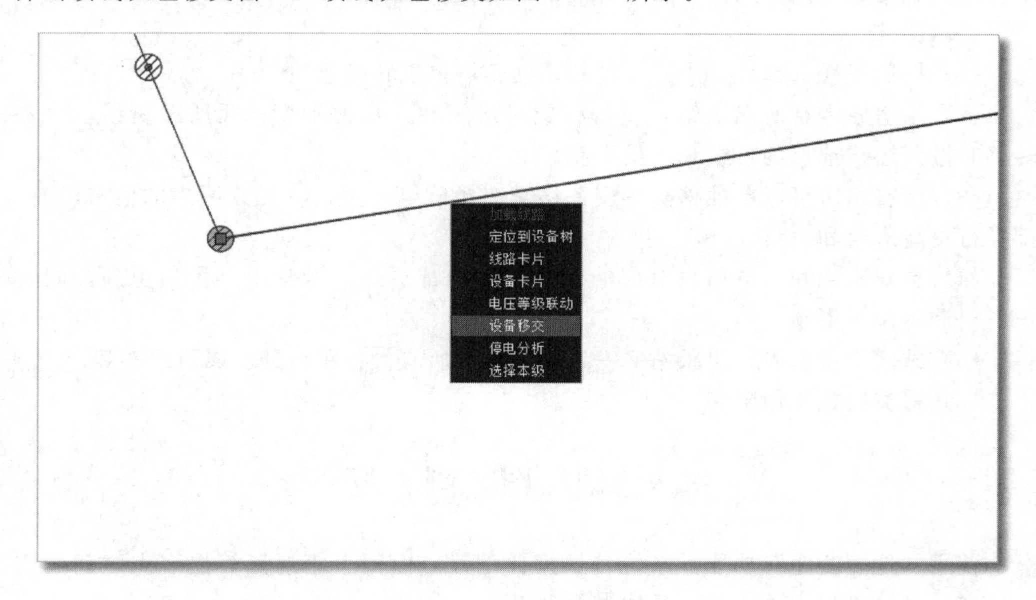

图 8-13　馈线班组移交

步骤 2：选择维护班组、设备主人和需要移交的站房、线路，选择完毕后，点击

“确定”，即可完成设备移交，馈线班组移交界面如图 8-14 所示。

图 8-14　馈线班组移交界面

步骤 3：如需取消当前操作，点击“关闭”按钮，自动关闭弹框；如需重新选择维护班组和设备主人，点击右上角“清空”按钮，重新选择维护班组和设备主人。

提示：

(1) 按照馈线选择，其中开关站和环网箱可单独转换班组。

(2) 站房原本有所属班组，设备移交时班组和人员值不变；无所属班组，设备转移时按照馈线选择的班组和人员更新。

(3) 所有站房可以单独移交，设备移交选择班组和主人，无论原来的值有没有，都强行更新班组和人员。

(4) 更新班组和人员值，对应的台账相关表都更新。卡片中字段值更新，同时设备树展示位置更新。

(5) 站内设备所属班组跟站房一致，馈线上所有设备跟线路所属班组一致。

(6) 移交次数不做限制。

8.9　地 图 测 距

使用“地图测距”功能，系统将根据比例尺，由图上距离测算出多点之间的实际距离，异动流程内外均可。具体操作如下：

点击工作区的“地图测距”功能，在地图上选择一个起点；拖动鼠标，将会引出一条蓝色的测距线；中间可新建多个测距节点，双击结束，右键取消，地图测距如图 8－15 所示。

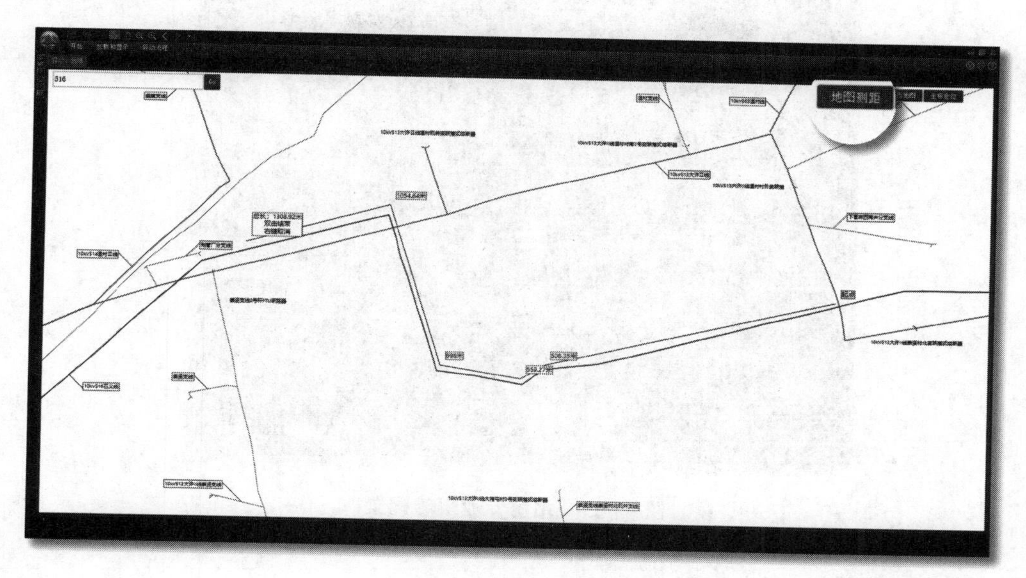

图 8－15　地图测距

点击“取消测距”即可退出该功能。

8.10　任　务　领　取

“任务领取”是与其他系统联动的入口。从营销、物资等其他系统发来的任务可以通过“任务领取”功能，直接在客户端中操作，任务领取如图 8－16 所示。

图 8－16　任务领取

8.11　专 业 班 组 维 护

在同源中对重要的馈线和站房进行专业班组维护，已满足 PMS 系统对变电站运行、检修等业务操作。具体操作如下：

从设备树找到馈线或站房，右键点击“浏览台账”，在设备卡片右下角点击“专业班组”查看运维、检修、试验等字段是否为空。在“专业班组配置”界面，按“班组类别”选择对应的“班组名称”，点击“确定”后，再点击“同步到 PMS 2.0”即可，站房专业班组配置如图 8－17 所示。

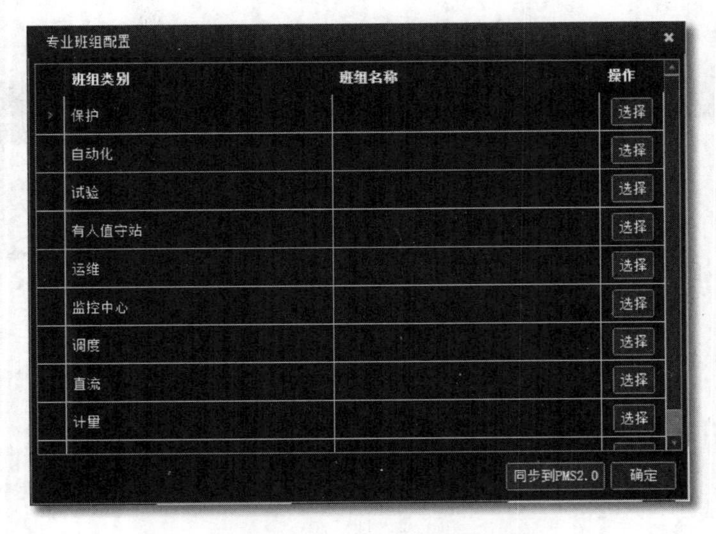

图 8-17　站房专业班组配置

8.12　资　产　相　关

8.12.1　退役设备查询

在设备台账里可以设置变压器、断路器等设备的运行状态。除在运和未投运的设备外，退役、现场留用、库存备用、报废的设备可以在此查询，异动流程内外均可，退役设备查询界面如图 8-18 所示。

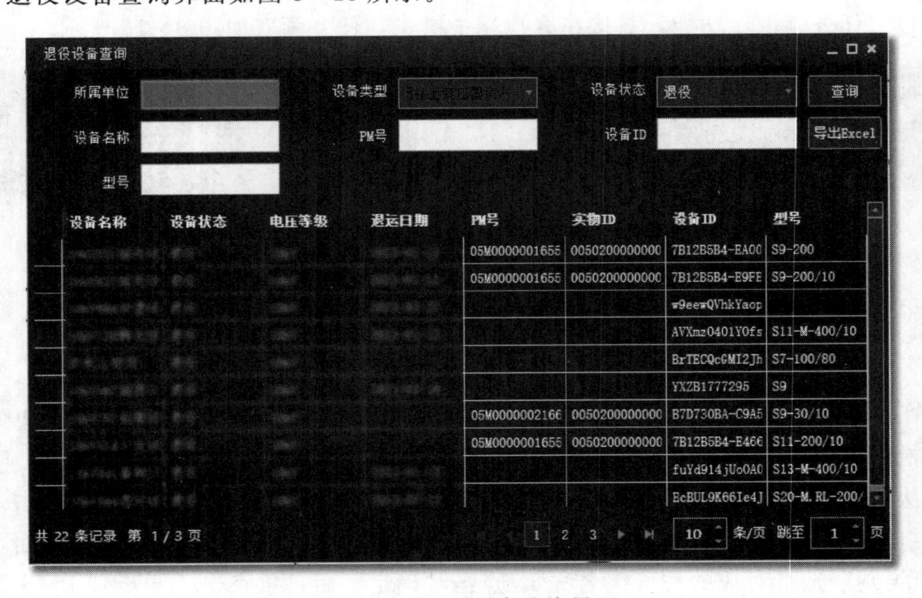

图 8-18　退役设备查询界面

8.12.2　实物ID生成

实物ID：电网企业为了实现资产管理过程中项目编码、WBS编码、物料编码等多码联动和信息贯通，而引入的资产实物标识编码，是电网资产的终身唯一身份编码。

大部分设备都有属于自己的“身份证”，由24位十进制数据组成，根据电网资产不同的物理特性、安装环境等因素，实物ID标签选用二维码铭牌一体化标签、无线射频识别（RFID）标签作为载体，部分设备的实物ID如图8-19所示。运维人员通过扫描设备上的二维码，便可以获取设备从采购、建设到运维、退役等全阶段的信息，提升电网资产全寿命周期管理水平。

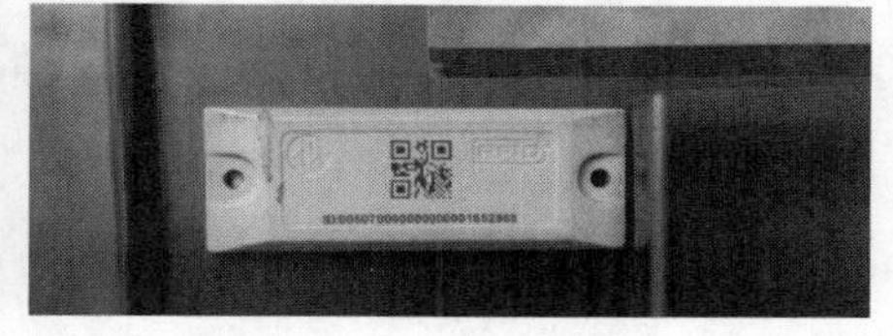

图8-19　部分设备的实物ID

同源中的“实物ID生成”功能，可以批量生成设备的实物ID，并将实物ID转换为二维码。此功能仅能在异动流程外使用，具体过程作如下：

步骤1：登录有该功能权限的账号。点击“实物ID生成”按钮，客户端将跳转至浏览器打开新的网页，实物ID生成如图8-20所示。

图8-20　实物ID生成

步骤2：选择单位、设备来源和设备类型三个标“*”的必填项。若是线路设备或柱上设备，设备来源选择“线路”；若是站房设备或站内设备，则设备来源选择“站房”。输入设备名称、设备编码等可以获得更精确的搜索结果，点击“查询”，查询结果会以列表呈现，实物ID维护界面如图8-21所示。

步骤3：勾选设备，点击“生成”或“全部生成”按钮，即可生成所选设备的实物ID。生成的实物ID会同步至同源。

步骤4：点击“导出”“全部导出”可以将列表导出为Excel；或选择合适的尺寸后，点击“二维码下载”按钮直接生成二维码。

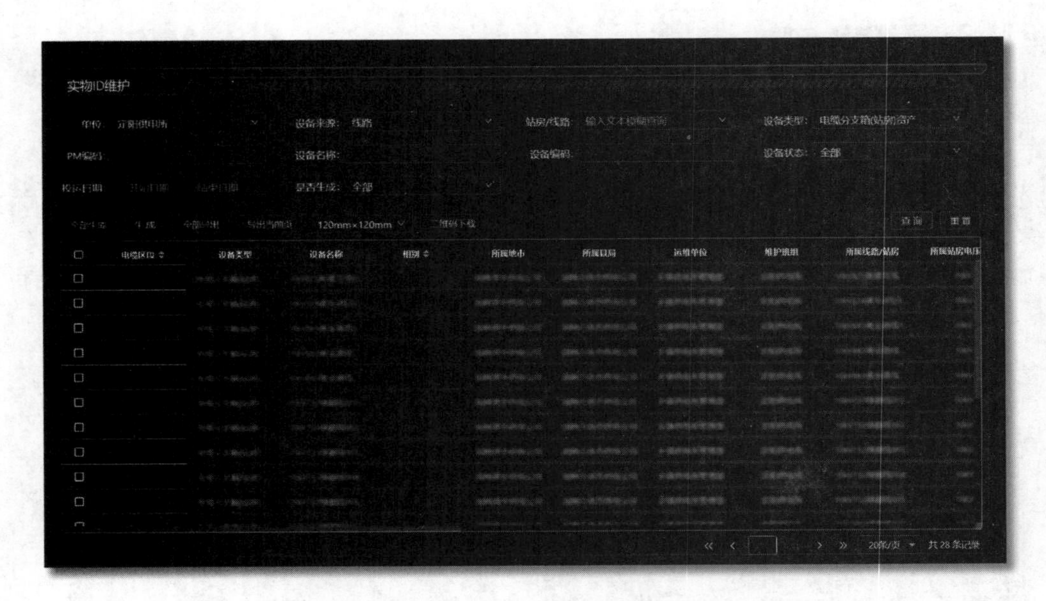

图 8-21 实物 ID 维护界面

第 9 章　常见问题及解决方法

在使用同源维护套件的过程中，提供一些常见问题的解决方法，供读者参考。

9.1　流程类问题及解决方法

1. 回退如图 9－1 所示，营销维护回退至运检维护，在营销维护中的操作会作废吗？

图 9－1　回退

答：不会作废。将营销维护回退至运检维护时，营销维护中的操作将得到保留；若从营销维护直接回退至“待提交”环节，营销维护中的操作将会作废。

2. 同源客户端的哪些操作会触发“调图”流程？

答：(1) 所有的新增、删除、退役、替换和改切操作。

(2) 修改设备名称或简称。

(3) 设备运行状态和运行方式的改变。

(4) 修改站房内间隔名称、类型、状态等。

9.2　图形类问题及解决方法

1. 如何快速新建一条馈线？

答：使用“新建架空线路＋批量插杆＋杆塔坐标调整＋杆号重排”组合功能，可以快速新建一条配网馈线。

第一步，利用坐标定位，新建首末两基终端杆塔。

第二步，使用批量插杆，将插入剩余杆塔。

第三步，导入杆塔坐标调整杆塔位置。

第四步，重排杆号。详情见 4.3 节新建架空线路、4.2.2 节批量插杆、4.2.7 节杆塔坐标调整、4.2.4 节杆号重排。

2. 互联互供的线路该如何绘制?

两条互联互供的线路末端必须绘制断路器，且断路器必须处于断开位置，互联互供的线路如图 9-2 所示。

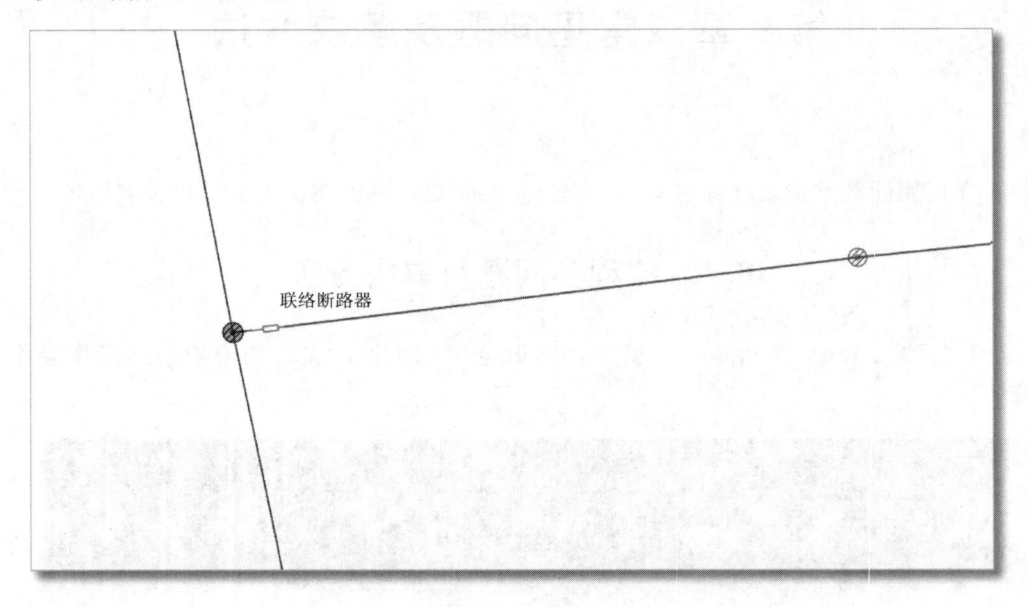

图 9-2 互联互供的线路

3. 互联互供的站房，内部间隔该如何绘制?

答：当两条电缆线路互相联络时，互相联络的两条线路的站房内进出线间隔上必须加装开关。在台账设置方面，设置主供线路与备供线路的开关作用均为“联络”，且备供线路的联络开关必须处于断开状态，互联互供的站房如图 9-3 所示。

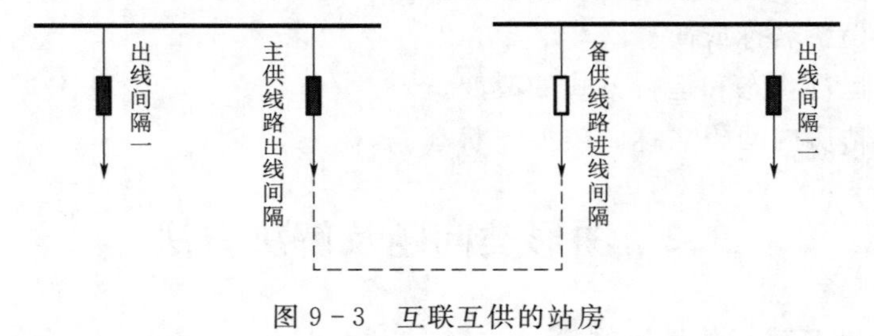

图 9-3 互联互供的站房

9.3 台账类问题及解决方法

1. 在线路台账中，配网导线和配网架空线段有什么区别?

答：配网架空线段组成配网导线，两基耐张杆之间架空线路的型号是一致的，导线与架空线段如图 9-4 所示。

2. 在线路台账中，电缆和电缆段有什么区别?

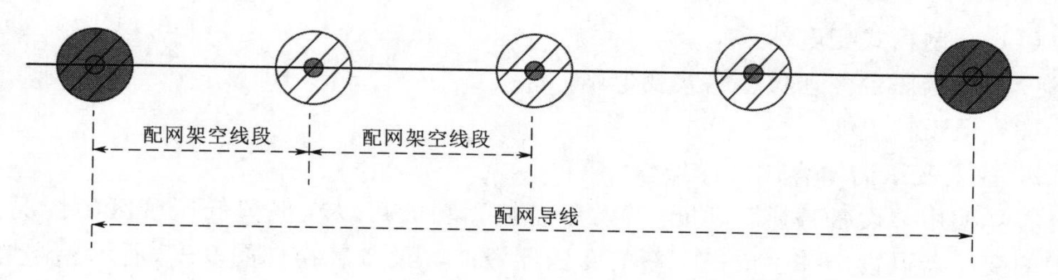

图 9-4　导线与架空线段

答：若干个电缆段组成电缆，电缆与电缆段如图 9-5 所示。

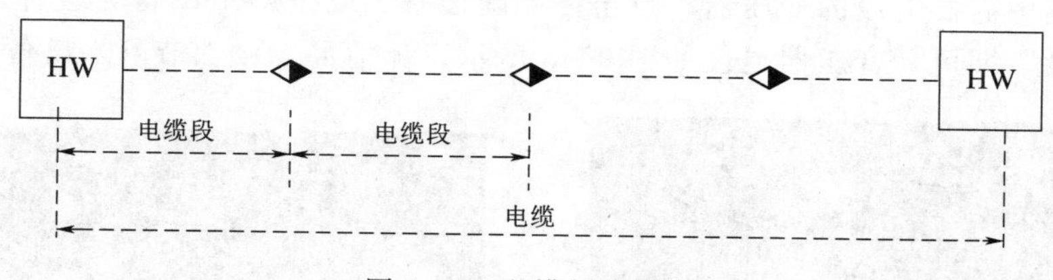

图 9-5　电缆与电缆段

3. 修改某一段架空线路的型号，设备卡片为什么没有相关字段？

答：选择一段架空线路，点击“设备卡片”，打开的是“配网架空线段”的台账。若需要修改此架空线路的型号，需要将该架空线路定位至设备树，找到此架空线路所在的耐张段，修改耐张段的型号。

4. 如何选择杆塔类型？

答：选择物理杆，点击“设备卡片”按钮。在“运行参数”中可以设置杆塔性质，在“物理参数”中可以设置杆塔材质，也可以在线路台账中批量设置。详情见 4.5.1 节设备卡片。

5. 某一馈线总长度与架空线＋电缆的长度之和不一致怎么办？

答：使用“长度初始化＋数据联动”功能。详情见 4.5.2 节线路卡片。

6. 是否可以通过改变柱上断路器的运行状态来实现线路改切？

答：目前暂无法通过改变柱上断路器的运行状态来实现线路改切。

9.4　应用类问题及解决方法

1. 柱上变改箱式变如图 9-6 所示。将柱上变改为箱式变该如何操作？

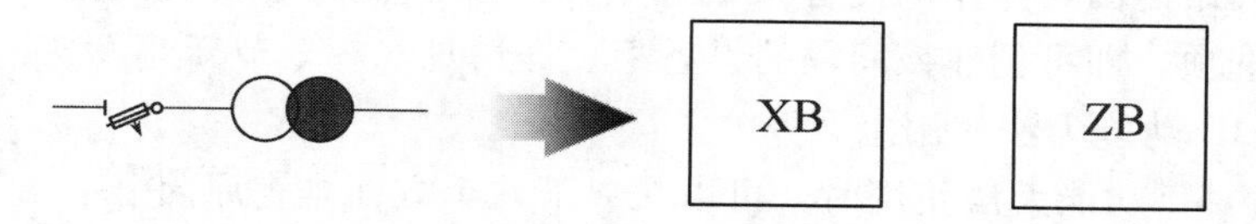

图 9-6　柱上变改箱式变

答：柱上变无法直接改为箱式变。将柱上变改为箱式变分三步操作：

（1）绘制箱式变电站。

（2）将低压台区迁移至箱式变电站。

（3）退役柱上变。

2. 柱上变压器增容该怎样操作？

答：使用“设备替换”功能。“设备替换”功能可以在保留低压台区的情况下，将旧的变压器退役，并生成一个新的变压器资产，设备替换如图9-7所示。详情见5.4.3节设备替换。

3. 变压器如何退役？

答：选中需要退役的变压器，点击“删除设备”或按Delete键，会弹出对话框，选择“退役”即可，变压器退役如图9-8所示。详情见5.4.1节删除设备。

图9-7 设备替换

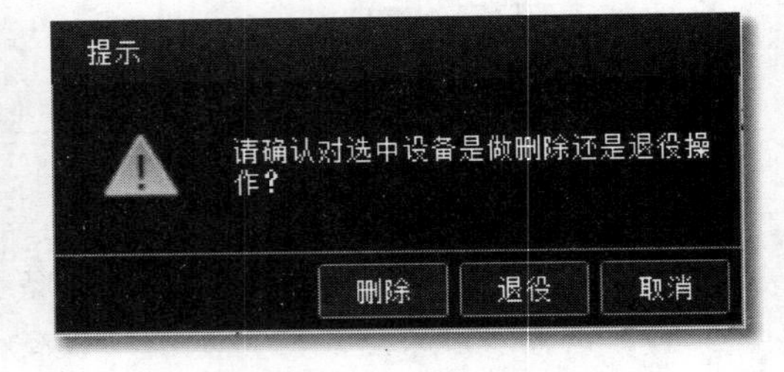

图9-8 变压器退役

4. 如何快速将一条馈线下所有设备移交至另一个班组？

答：使用“设备移交”功能，可以快速地将一条馈线下的所有设备，从一个班组移交至另一个班组。详情见8.8.2节馈线班组移交。

5. 如何为（分）支线重命名？

答：（1）使用“线路重命名”功能，详情见4.7.3节线路重命名。

（2）使用“改切”功能，详情见4.7.4节改切。

（3）使用“分支关系修改”功能，详情见4.7.5节分支关系修改。

6. 误删设备该如何找回？

答：（1）在未保存的情况下，使用“撤销”功能。

（2）若已经保存，使用“设备找回”功能找回。详情见5.4.4节设备找回。

（3）将整个异动流程回退。

7. ERP中需要创建站房中间隔的设备柜，该如何操作？

答：打开站内图，在左侧设备树中选中该间隔，右键调出功能菜单，点击“创建设备柜”选项，即可创建该间隔的设备柜。详情见6.3.3节新建设备柜。

8. 实物ID功能无法使用怎么办？

答：实物ID功能无法使用时，可以从以下几个方面排查原因。

（1）账号是否有权限。配有实物ID权限的账号才可以使用此功能。

（2）设备来源是否正确。若是线路设备或柱上设备，设备来源选择“线路”；若是站房设备或站内设备，则设备来源选择“站房”。

(3) 设备状态是否正确。检查设备的状态是否为“在运”或“未投运”。

9. 如何用营销 ID 查找营销设备?

答:使用营销 ID 查询时,需要从营销系统中获取设备的户号或户名,通过户号户名得到营销 ID 后进行查找,需要在异动流程内进行。现以专变为例介绍,专线同理,具体步骤如下:

步骤 1:任意选择一个专变,右键调出功能菜单,选择“营配对应”,进入营配对应界面。

步骤 2:在“营销用户绑定”一栏中点击“新增用户”,输入户号或户名,点击查询后确定。

步骤 3:返回页面,选择该用户信息,在右下方“营销变压器列表”中即可得到营销设备 ID,查找营销设备如图 9-9 所示。

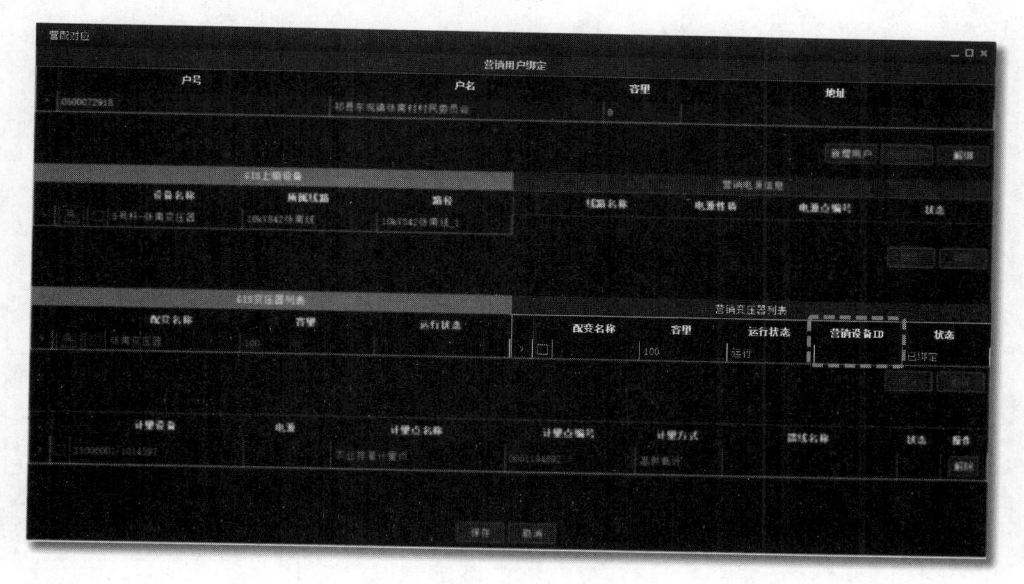

图 9-9 查找营销设备

步骤 4:点击下方“取消”按钮,恢复原状关闭窗口。